中国轻工业"十三五"规划教材

环境生态与健康

主　编　李桂菊

副主编　赵瑞华　曾　明

中国轻工业出版社

图书在版编目（CIP）数据

环境生态与健康/李桂菊主编. —北京：中国轻
工业出版社，2020.12
中国轻工业"十三五"规划教材
ISBN 978 - 7 - 5184 - 2962 - 2

Ⅰ.①环…　Ⅱ.①李…　Ⅲ.①环境生态学—关系—
健康　Ⅳ.①X171②X503.1

中国版本图书馆 CIP 数据核字（2020）第 059359 号

责任编辑：崔丽娜
策划编辑：张文佳　　责任终审：李建华　　封面设计：锋尚设计
版式设计：砚祥志远　　责任校对：晋　洁　　责任监印：张　可

出版发行：中国轻工业出版社（北京东长安街 6 号，邮编：100740）
印　　刷：三河市国英印务有限公司
经　　销：各地新华书店
版　　次：2020 年 12 月第 1 版第 1 次印刷
开　　本：787×1092　1/16　印张：11.5
字　　数：270 千字
书　　号：ISBN 978 - 7 - 5184 - 2962 - 2　定价：39.80 元
邮购电话：010 - 65241695
发行电话：010 - 85119835　传真：85113293
网　　址：http://www.chlip.com.cn
Email：club@chlip.com.cn
如发现图书残缺请与我社邮购联系调换
191086J1X101ZBW

前 言
PREFACE

党的十九大报告中指出，建设生态文明是中华民族永续发展的千年大计，建设美丽中国成为全面建设社会主义现代化强国的重大目标，把生态文明建设和生态环境保护提升到前所未有的战略高度，这些都集中体现了习近平生态文明思想。面对资源约束趋紧、环境污染严重、生态系统退化的严峻形势，必须树立尊重自然、顺应自然、保护自然的生态文明理念。

在高等院校开展"环境生态与健康"课程，是环境教育的重要组成部分。本书通过环境问题案例分析，突出环境、生态与健康的关系，结合技术成果阐述污染防控对策，提升全民环保意识和自主参与环保的素养，共建美丽中国。根据教学工作的需要，结合我们多年的高校教学和科研实践经验及对生态环境保护方面的认识，在认真总结最近我国在生态环境保护方面的政策、法规及相关理论知识的基础上，按照先进性、系统性要求，力图使读者在掌握和应用自己专业基础知识的过程中始终保持生态环境保护及可持续发展理念。

本书共六章，第一章绪论讲述了环境、生态与健康的基本概念和相互关系；第二章到第六章分别从水体、大气、土壤、环境生态修复、固体废物五个方面介绍了污染对生态环境及人体健康的危害，并提出污染的防治、修复的相关措施。

本书第一章、第二章、第三章、第四章、第六章由天津科技大学李桂菊教授和赵瑞华副教授共同编写，第五章由天津科技大学曾明副教授编写。全书由李桂菊教授统稿。

本教材对应的课程"环境生态与健康"是一门在东西部高校课程共享联盟运行的人文素质教育在线开放学分课程，由天津科技大学教师授课，目前在智慧树教育平台（https：//www.zhihuishu.com/）向全社会学习者开放，MOOC 的讲座视频及其课程资料为读者提供了 21 世纪的新型"教科书"，与该教材相得益彰。

本书在编写过程中还得到了天津科技大学贾青竹教授、豆宝娟副教授的大力支持，在此一并致谢。

我们在编写过程中虽力求反映生态环境保护的新形势、新成果、新政策和新论断，但由于时间紧迫、水平有限，恐有不妥之处，望广大读者批评指正，以便再版时能更正完善。

编者

目 录
CONTENTS

第一章 绪 论

环境保护是我国的一项基本国策，在党的十九大报告中，习近平总书记就提出"必须树立和践行绿水青山就是金山银山的理念，坚持节约资源和保护环境的基本国策，像对待生命一样对待生态环境""坚定走生产发展、生活富裕、生态良好的文明发展道路，建设美丽中国"。追求金山银山，追求的是经济发展，它是关乎人们物质水平高低的问题；追求绿水青山，追求的是好的生存环境，也是关乎人类生活质量的问题，甚至也是人类能否持续健康生存发展的问题。为了提高人民的生活水平，在经济发展时期我们追求金山银山，能够带给我们财富，但是经济全球化的快速发展、大型工程的开发建设、自然资源的过度开发等也带来了一系列的环境问题。

第一节 概 述

一、环境概述

《中华人民共和国环境保护法》规定：环境是指大气、水、土地、矿藏、森林、草原、野生动物和植物、水生生物、名胜古迹、自然保护区、城市和乡村等。本书中的环境指的是以人类为主体的外部世界，包括直接和间接影响人类生存与发展的各种自然因素、社会因素，它是人类生存发展的物质基础。

可以看出，我们今天赖以生存的环境不是单纯地由自然因素构成，也不是单纯地由社会因素构成，而是在自然背景的基础上经过人工改造、加工形成的。它凝聚着自然因素和社会因素的交互作用，体现着人类利用和改造自然的性质和水平，影响人类的生产和生活，关系着人类的生存和发展。

环境是一个非常复杂的、多层次多单元的系统，可按不同的角度进行分类。

（1）**按照定义划分**

按照定义分为自然环境和社会环境。自然环境是社会环境的基础，而社会环境又是自然环境的发展。自然环境是环绕人们周围的各种自然因素的总和，如大气、水、植物、动物、土壤、岩石矿物、太阳辐射等，这些是人类赖以生存的物质基础。这些因素通常划分为大气圈、水圈、生物圈、土壤圈、岩石圈5个自然圈。

由此可以看出，自然环境就是人类生存和发展所依赖的各种自然条件的总和，包括人类生活的生态环境、生物环境和地下资源等。但是，自然环境不等于自然界，只是自然界的一个特殊部分，是那些直接和间接影响人类社会的各种自然条件的总和。随着生产力的发展和科学技术的进步，会有越来越多的自然条件对社会发生作用，自然环境的范围会逐渐扩大。然而，由于人类生活在一个有限的空间中，人类社会赖以存在的自然环境是不可能膨胀到整个自然界的。

社会环境是与自然环境相对的概念，是在自然环境的基础上，人类通过长期有意识的社会劳动，加工和改造的自然物质、创造的物质生产体系、积累的物质文化等所形成的环境体系。社会环境是人类精神文明和物质文明发展的标志，并且随着人类文明的演进不断地丰富和发展，所以社会环境也被称为文化—社会环境。社会环境根据其所包含的内容有不同的分类。社会环境按所包含的要素性质可分为：①物理社会环境，包括建筑物、道路、工厂等；②生物社会环境，包括驯化、驯养的植物和动物；③心理社会环境，包括人的行为、风俗习惯、法律和语言等。社会环境按功能可分为：①聚落环境；②工业环境；③农业环境；④文化环境；⑤医疗休养环境等。

（2）按照环境的范围大小划分

按照环境的范围大小分为院落环境、村落环境、城市环境、地理环境、地质环境和星际环境。院落环境是由一些不同功能的建筑物以及同它们联系在一起的场院共同组成的环境，如庭院、竹楼、窑洞等。它的基础是居室环境，不同院落环境的结构、布局、规模和现代化程度都不尽相同。

村落环境主要是农业人口聚居的地方，由于自然条件、农林牧副渔等农业活动的种类、规模和现代化程度不同，所以无论是从结构、形态、规模还是从功能上看，村落的类型都是多种多样的，如农村、渔村、山村等。

城市环境是与城市整体互相关联的人文条件和自然条件的总和，包括社会环境和自然环境。前者由经济、政治、文化、历史、人口、民族、行为等基本要素构成；后者包括地质、地貌、水文、气候、动植物、土壤等诸要素。

地理环境是指一定社会所处的地理位置以及与此相联系的各种自然条件的总和，包括气候、土地、河流、湖泊、山脉、矿藏以及动植物资源等。

地质环境是自然环境的一种，指由岩石圈、水圈和大气圈组成的环境系统。

星际环境是指地球大气圈以外的宇宙空间环境，由广漠的空间、各种天体、弥漫物质以及各类飞行器组成。

（3）按照环境功能的不同划分

按照环境功能的不同分为生活环境和生态环境。生活环境按其是否经过人工改造来划分，可分为自然生活环境和人工生活环境，与人类生活密切相关的空气、水源、土地、野生动植物等属于自然生活环境，经过人工创造并用于人类生活的建筑物、公园、绿地、服务设施等属于人工生活环境。生活环境的保护与每个人生活质量的好坏息息相关，因此，我国环境保护法把保护和改善生活环境作为该法的一项重要任务。

生态环境是指由生物群落及非生物自然因素组成的各种生态系统所构成的整体，主要或完全由自然因素形成，并间接地、潜在地、长远地对人类的生存和发展产生影响。生态环境的破坏最终会导致人类生活环境的恶化。

（4）按照环境要素的不同划分

按照环境要素的不同分为大气环境、水环境、土壤环境、生物环境等。

二、生态概述

生态是指一切生物的生存状态，以及生物之间和生物与环境之间环环相扣的关系。本书中的生态是指生物在一定的自然环境下生存和发展的状态。生态学的产生最早是从研究生物个体开始的。如今，生态学已经渗透各个领域，"生态"一词涉及的范畴也越来越广，人们常常用"生态"来定义许多美好的事物，如健康的、美的、和谐的事物均可冠以"生态"修饰。当然，不同文化背景的人对"生态"的定义会有所不同，多元的世界需要多元的文化，正如自然界的生态追求物种多样性并以此来维持生态系统的平衡发展。

随着全球人口激增和人类生活水平的日益提高，地球生态环境的破坏已经威胁到全人类的生存，淡水资源紧缺、大气质量恶化、森林破坏严重、全球气候变暖、陆地植被的储碳容量降低、水土流失与荒漠化、人口激增、物种灭绝等。我国目前也面临着巨大的生态环境问题，如水资源紧缺、污染严重、水土流失与荒漠化、森林覆盖率低、天然林生态系统和野生动植物面临危机等。

我国生态环境的基本状况是：总体环境在恶化，局部环境在改善，治理能力远远赶不上破坏速度，生态赤字在一定程度逐渐扩大。

改革开放以来，党中央、国务院高度重视生态环境保护与建设工作，采取了一系列战略措施，加大了生态环境保护与建设力度，一些重点地区的生态环境得到了有效保护和改善。

1. 生态农业建设

生态农业是按照生态学原理和经济学原理，运用现代科学技术成果和现代管理手段以及传统农业的有效经验建立起来的，能获得较高的经济效益、生态效益和社会效益的现代化高效农业。它要求把发展粮食与多种经济作物生产结合起来，把发展大田种植与林、牧、渔业结合起来，把发展大农业与第二、三产业结合起来，利用传统农业精华和现代科技成果，通过人工设计生态工程协调发展与环境之间、资源利用与保护之间的矛盾，形成生态与经济两个良性循环和经济、生态、社会三大效益的统一。随着中国城市化进程的加速和交通的快速发展，生态农业的发展空间将得到进一步深化发展。

发展生态农业能够保护和改善生态环境，维护生态平衡，防治污染，固碳减排，提高农产品的安全性，变农业和农村经济的常规发展为持续发展，把环境建设同经济发展紧密结合起来，在最大限度地满足人们对农产品日益增长的需求的同时，提高生态系统的稳定性和持续性，增强农业发展后劲。

发展生态农业的根本目的是实现经济效益、生态效益和社会效益的统一，但在中国的许多农村地区，促进经济的发展和提高人民的生活水平仍然是一项紧迫的任务。生态农业的实际情况还不能满足社会需求，在一些地方，仅仅依靠种植业的发展难以获得比较高的经济收益。世界经济的全球化和中国加入 WTO，既为中国生态农业的发展提供了新的机遇，也使之面临着新的挑战。为适应这一新的形式，生态农业的发展还有许多问题有待解决，而农业产业化无疑是一个极为重要的方面。另外，人口问题一直是中国社会发展中的主要问题之一。据估计，到 2030 年前后，中国人口将达到 16 亿人。土地资源相对短缺，耕地面积还在不断减少，而人口在继续增加，农村富余劳动力的转移也已经成为困扰农村地区可持续发展的一大障碍。解决这一问题必须通过在生态农业中延长产业链、提高农业的产业化水平来实现。

2. 生态工业建设

生态工业是以低消耗、低（或无）污染、工业发展与生态环境协调为目标的工业，要求模拟生态系统的功能，建立相当于生态系统的"生产者、消费者、还原者"的工业生态链，其本质就是清洁生产。

清洁生产是指将综合预防的环境保护策略持续应用于生产过程和产品中，以减少对人类和环境的风险。从本质上来说，清洁生产就是对生产过程与产品采取整体预防的环境策略，减少或者消除它们对人类及环境的可能危害，同时充分满足人类需要，使社会经济效益最大化的一种生产模式。清洁生产包括清洁的能源、清洁的生产过程和清洁的产品，其目标是节能降耗，减污增效。

随着生态文明建设的大力推进，绿水青山就是金山银山的理念深入人心。保护生态环境就是保护自然价值和增值自然资本，就是保护经济社会发展的潜力和后劲，能够使绿水青山持续发挥生态效益和经济社会效益。

建设生态文明是中国的"千年大计"，目前中国已经成为全球生态文明建设的重要参与者、贡献者、引领者。过去6年多来，习近平总书记在国际舞台上多次对生态文明建设做出一系列重要论述，强调"绿水青山就是金山银山""像保护眼睛一样保护生态环境""生态兴则文明兴"，引起国际社会的热烈反响。

我们每个人都应该是生态环境的保护者、建设者、受益者。让我们尽情享受美丽春光，积极踊跃地行动起来，呵护一草一木、一虫一鱼，减少能源资源消耗和污染排放，为保护生态环境、建设美丽中国作出自己的贡献。

三、环境、生态与健康的关系

1. 环境与健康的关系

环境是指以人为主体的外部世界，是地球表面的物质和现象与人类发生相互作用的各种自然及社会要素构成的统一体，是人类生存发展的物质基础，也是与人类健康密切相关的重要条件。人类生命始终处于一定的自然环境和社会环境中，经常受到物质和精神心理双重因素的影响。人类为了生存发展、提高生活质量、维护和促进健康，需要充分开发利用环境中的各种资源，但是自然因素和人类社会行为的作用也会使环境受到破坏、使人体健康受到影响，当这种破坏和影响在一定限度内时，环境和人体所具有的调节功能有能力使失衡的状态恢复原有的面貌；如果这种影响超过环境和机体所能承受的限度，则可能造成生态失衡及机体生理功能破坏，甚至导致人类健康近期或远期的危害。因此人类应该通过提高自己的环境意识认清环境与健康的关系，防治环境污染，保持生态平衡，促进环境生态向良性循环发展，更好地规范自己的社会行为，建立保护环境的法规和标准，避免环境退化和失衡，这是正确处理人类与环境关系的重要准则。

人类是自然环境的产物，人体通过新陈代谢与外界环境不断地进行物质交换与能量交换，使人体与外界环境之间经常保持着一种动态平衡（图1-1），这种平衡是保持人体处于健康状态的基本条件；如果环境变化超出了人体正常的生理调节能力，则可能引起人体机能发生异常。一旦人体内某些微量元素含量偏高或偏低，打破了人体与自然环境的动态平衡，人体就会生病。例如，研究人员发现脾虚患者血液中的铜含量显著升高、肾虚患者血液中的铁含量显著降低等。

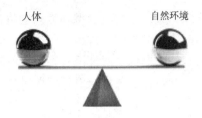

人体是由化学元素组成的。人体含有 60 多种元素，其中碳、氢、氧、氮占了人体组成元素总量的 96%，加上钙、磷、镁、钾、硫、氯、钠，11 种人体必需的宏观元素共占人体总重的 99.95%，其他

图 1－1　人体与自然环境的动态平衡

各种含量不大的微量元素占了剩下的 0.05%，这些微量元素对补充营养、预防疾病、延长寿命等有重要影响。

地球化学家们分析了空气、海水、河水、岩石、土壤、蔬菜、肉类和人体的血液、肌肉及各器官的化学元素含量，发现人体血液和地壳岩石中化学元素的含量具有很大的相关性，图 1－2 就是人体血液中 60 多种化学元素的平均含量与地壳岩石中化学元素的平均含量图，实线代表的是地壳岩石中元素含量均值，虚线代表的是人体血液中元素含量均值，相似度很高。

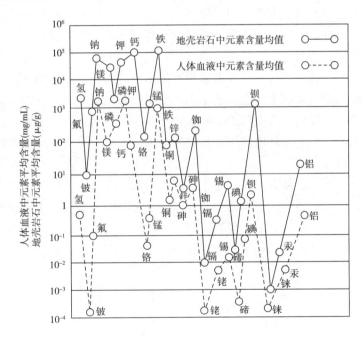

图 1－2　人体血液中化学元素的平均含量与地壳岩石中化学元素的平均含量

由此看出化学元素是把人体和环境联系起来的基础，这种人体化学元素组成与环境化学元素组成高度统一的现象充分证明了人体与环境的统一。如果环境遭受污染，致使环境中某些化学元素或物质增多，比如废水里含的汞、镉等重金属不加治理就排入水体，势必会污染水环境，继而污染土壤和生物，再通过食物链或食物网侵入人体，当人体内的重金属积累达到一定剂量时，就会破坏人体内原有的平衡状态，引起疾病。因此保护环境，防止有害、有毒的化学元素进入人体，是预防疾病、保障人体健康的关键。

人口与经济持续增长、工业化和城市化发展不断加快对资源与环境造成的压力还会不断增大，一些复合型环境问题将日益明显，由环境污染带来的健康风险将加剧。由环境问题造成的潜在危害十分严重，未来的环境健康风险十分巨大。在当前及今后相当长的一段时期内，对环境有害因素的控制与经济发展之间的矛盾短期内不易消除。

同时，人民群众对环境质量的要求不断提高，环境与健康之间的矛盾将更加突出。因此，把"以人体健康为本"作为环境保护领域"以人为本"的体现，就是要把环保工作的重点转移到防治危害人体健康的污染上。

2. 生态与健康的关系

在面对生态与人类健康关系的问题上，应该以人类健康为中心，并以此作为生态健康的最根本标准。主要原因有：①生态健康问题本身就是依据人类健康问题提出来的。应该说生态学、环境科学等学科的研究目的都是为了保护人类，从根本上说就是保护人类的健康，尽管为了保护健康所选择的途径可能不尽相同，但人类健康是最终目标。②人类的生命和健康问题是人与自然关系的核心和根本问题。从价值论的角度看，人类是地球上唯一具有理性思维能力并能认识与自身之外客观世界的关系的高等动物，正因为人类能够把自己作为中心来看待并确立自己在与客体关系中的主体地位，才可能形成以人的主体性为尺度的与外在世界的价值关系。生态如果离开了与人的关系，或者说不放到与人关系的坐标中去衡量，健康与否便没有意义，而且如果没有人类，生态系统会按照自己的规律运动和演化，无所谓价值问题。只有当人的健康与生态联系在一起的时候才有价值可言。③在人类与自然界关系不同的历史时期，人的主体性意义并不完全相同。在工业社会早期，人的主体性是基于工业文明应该创造较之前更为丰富的物质财富以维持生存而考虑；当代人类面对的生存危机早就不是生活资料的不足，而是对自然界过度开发和挥霍带来的生态环境破坏，人类应该关注怎样对待自然界的问题，以人与自然的和谐相处为目标指向。

适宜的生态环境可以促进人类的健康长寿，反之，人类生产和生活中产生的各种有害物质如果处理不当，环境会受到污染，生态会遭到破坏，进而会反作用于人类自身，损害人类健康。可见，环境、生态与健康三者是环环相扣的关系，为维护人类自身和子孙后代的健康，我们必须行动起来，保护环境，关注生态，珍爱健康。

第二节　环　境　问　题

一、环境问题的概念及分类

环境问题是作为中心事物的人类与作为周围事物的环境之间的矛盾，即人类与环境之间相互的消极影响，是任何不利于人类生存和发展的环境结构和状态的变化，例如雨水过少就会带来干旱，雨水过多就会带来洪涝。

从引起环境问题的根源进行分类，可以把环境问题分为原生环境问题和次生环境问题两类。原生环境问题是由自然力引起的，也叫第一环境问题，如地震、海啸、干旱、洪涝、台风、虫灾等，人类的技术水平和防御能力目前难以应对这类环境问题。次生环境问题是由人类活动引起的，也叫第二环境问题，包括环境污染和生态环境破坏。环境污染是指人类活动产生并排入环境的污染物或污染因素超过了环境容量和环境自净能力，使环境的组成或状态发生了改变，环境质量恶化，从而影响和破坏了人类正常的生产和生活，例如大气污染、水体污染、土壤污染、生物污染、噪声污染、振动、电磁辐射等；生态环境破坏是指人类开发利用自然环境和自然资源的活动超过了环境的自我调节能力，使环境质量恶化或自然资源枯竭，影响和破坏了生物正常的发展和演化及可更新自然资源的持续利用，例如森林破坏、草原退化、水热平衡失调、沙漠化、盐碱化、水土流失、物种灭绝等。

　　本书重点讨论的是次生环境问题，但应该注意的是，原生环境问题和次生环境问题往往难以截然分开，它们之间常常存在着某种程度的因果关系和相互作用。自工业革命以后特别是 20 世纪以来，随着科技的飞速发展，环境问题出现的频率和强度都在增加。目前，全球面临的主要环境问题有气候变暖、臭氧层破坏、生物多样性减少、酸雨蔓延、森林锐减、土地荒漠化、大气污染、水体污染、海洋污染、固体废物污染等。可见我们生存的环境不容乐观，环境污染和生态破坏还很严重，这就会给我们带来一系列的健康问题。

二、中国的环境问题

1. 环境污染

　　目前我国经济处于快速发展的阶段，人民的物质生活水平也有了显著提高，然而在这经济高速发展、物质生活质量不断提高的背后，我们赖以生存的环境正在面临着更严重的挑战。

（1）大气污染

　　我国的大气污染属于煤烟型污染，北方重于南方；中小城市污染势头甚于大城市；产煤区重于非产煤区；冬季重于夏季；早晚重于中午。目前我国能源消耗以煤为主，约占能源消费总量的 3/4。煤是一种非清洁能源，燃烧时产生的大量粉尘、二氧化硫等污染物是我国大气污染日益严重的主要原因。

　　我国的大气环境问题经历了 3 个阶段：酸沉降—光化学烟雾—区域细颗粒物，如图 1-3 所示。

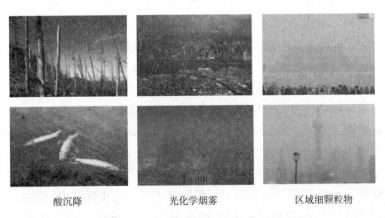

酸沉降　　　　　　光化学烟雾　　　　　　区域细颗粒物

图 1-3　我国主要的大气环境问题

酸沉降阶段：酸雨是 pH 低于 5.6 的酸性降水，工业生产中产生的酸性气体如硫氧化物和氮氧化物会形成酸雨，它还有两个"同胞兄弟"：酸雪和酸雾。酸雨是我国大气环境污染的第一个阶段，它会造成森林生态系统衰退和森林衰败，造成土壤、岩石中的有毒金属元素溶解，流入河川或湖泊，进而使鱼类大量死亡。我国酸雨研究工作始于 20 世纪 70 年代末期，经过多年对降水数据进行全面且系统的分析，结果表明，降水年平均 pH 小于 5.6 的地区主要分布在秦岭—淮河以南，秦岭—淮河以北仅有个别地区，降水年平均 pH 小于 5.0 的地区主要在西南、华南以及东南沿海一带。我国酸雨的主要致酸物是含硫物质，降水中 SO_4^{2-} 的含量普遍都很高。因此，我国对酸雨污染问题非常重视，在第七和第八个五年计划中均将酸雨列为攻关重点课题，其中酸沉降的化学过程是重要的研究内容。

光化学烟雾阶段：汽车、工厂等排入大气中的氮氧化物与碳氢化合物经光化学作用形成的烟雾称为光化学烟雾。表现为：城市上空笼罩着白色烟雾（有时带有紫色或黄色），大气能见度低，具有特殊气味和强氧化性，刺激眼睛，造成呼吸困难，使橡胶制品开裂，植物叶片受害、变黄甚至枯萎，1974 年在兰州首次出现光化学烟雾污染事件。近年来我国在预防和治理光化学烟雾上采取了一系列综合性措施，其中包括制定法规，在污染严重的大中城市制定了严格的大气质量标准和各类汽车尾气排放标准，引导、鼓励发展天然气汽车和电动汽车，提高汽油质量，推广无铅化汽油。这些措施可以使光化学烟雾污染的出现频率大大降低。

区域细颗粒物（PM2.5）阶段：PM 的英文全称为 Particulate Matter（颗粒物）。PM2.5 是指大气中粒径小于或等于 2.5 μm 的颗粒物，也称为可入肺颗粒物。PM2.5 可以进入人体肺泡，产生的危害很大。针对我国目前的 PM2.5 污染现状，一系列致力于解决区域性复合型大气污染问题的行动被提上日程：2013 年 9 月，国务院印发《大气污染防治行动计划》（简称"大气十条"），环保部启动清洁空气研究计划；2015 年，科技部启动国家重点研发计划大气污染防治重点专项整治工作（图 1-4），希望雾霾严重的京津冀地区空气质量每 5 年能上一个新台阶，即 2014 年统计京津冀区域 PM2.5 年均浓度为 93 μg/m³，第一个 5 年后（2019 年）降至 52 μg/m³，第二个 5 年后（2024 年）降至 39 μg/m³，第三个 5 年后（2029 年）降至 35 μg/m³，最后再经过若干年达到世界卫生组织指导值，如能实现未来区域环境将有很大改观。

除大气污染外，室内空气污染情况也很严重。美国专家检测发现，室内空气中存在 500 多种挥发性有机物，其中致癌物质有 20 多种、致病病毒 200 多种。危害较大的主要有：氡、苯、氨、酯、甲醛、三氯乙烯等。大量触目惊心的事实证实，室内空气污染已成为危害人类健康的"隐形杀手"，也成为全世界各国共同关注的问题。研究表明，室内空气的污染程度要比室外空气严重 2~5 倍，在特殊情况下可达到 100 倍。调查证实，在现代城市中，室内空气污染的程度比户外高出很多倍，更重要的是 80% 以上的城市人口有七成多的时间在室内度过，而儿童、孕妇和慢性病人在室内停留的时间比其他人群更长，因而受到室内环境污染的危害更加显著，特别是儿童，他们比成年人更容易受到室内空气污染的危害。一方面，儿童的身体正在成长发育中，呼吸量按体重计算比成年人高近 50%，另一方面，儿童有 80% 的时间生活在室内。世界卫生组织宣布：

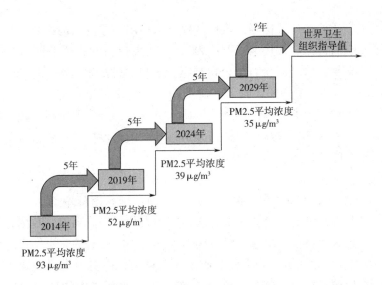

图 1-4　大气污染防治重点专项整治工作对京津冀区域空气质量的要求

全世界每年有 10 万人因为室内空气污染而死于哮喘，其中 35% 为儿童。我国儿童的哮喘患病率为 2% ~ 5%，其中 85% 的患病儿童年龄在 5 岁以下。

（2）水污染

我国本就是一个严重缺水的国家，珠江水系、长江水系、黄河水系、淮河水系、辽河水系、海河水系和松花江水系七大江河水系均受到了不同程度的污染；万里海疆形势也不容乐观，赤潮年年如期而至；美丽的渤海湾也浊流迸溅，海面上漂浮着油污。据 2014 年第二届中国水安全会议的数据，我国 660 座城市中有 400 多座城市缺水，2/3 的城市存在供水不足，中国城市年缺水量为 60 亿 m³ 左右，缺水比较严重的城市有 108 个，其中大部分城市缺水都是由水污染造成的，即水质性缺水。

为了加大水污染治理力度，2015 年 4 月，国务院印发了《水污染防治行动计划》（简称"水十条"）。在"水十条"中，目标分三步走：一是到 2020 年，全国水环境质量得到阶段性改善，污染严重水体较大幅度减少，饮用水安全保障水平持续提升，地下水超采得到严格控制，地下水污染加剧趋势得到初步遏制，近岸海域环境质量稳中趋好，京津冀、长三角、珠三角等区域水生态环境状况有所好转；二是到 2030 年，力争全国水环境质量总体改善，水生态系统功能初步恢复；三是到 21 世纪中叶，生态环境质量全面改善，生态系统实现良性循环。但 2019 年 1 ~ 12 月，1940 个国家地表水考核断面中，水质优良（Ⅰ - Ⅲ类）占断面比例为 74.9%，劣 Ⅴ 类占断面比例为 3.4%，水污染防治工作仍然十分艰巨，形势依然严峻，很多水域内，废水排放较严重，导致危害事件时有发生。生态环境部公开的《2018 中国生态环境状况公报》显示，全国 10168 个国家级地下水水质监测点中，Ⅳ 类水质监测点占 70.7%，Ⅴ 类占 15.5%。两者合计占比为 86.2%。而这两类水已经不适合人类饮用。也意味着，超八成地下水遭受污染威胁。

2016 年 4 月 17 日，央视新闻频道报道"不该建的学校"，曝光常州外国语学校自搬新址后 493 名学生检出皮炎、血液指标异常等，个别查出淋巴癌、白血病等。这起事件在全国引起了广泛关注。经检测，该校区地下水检出高浓度的污染物，这起事件为饮水安全敲响了悲鸣的钟声。2016年12月25日，在央视新闻频道新闻节目《被滥用的抗生素》中，山东鲁抗医药股份有限公司被曝光大量偷排抗生素污水。当日午后，鲁抗医药股价直线跳水一度下跌9%，收盘下跌4.57%。抗生素是人类对抗疾病的利器，然而如今滥用抗生素却变为了全球性难题。科研人员发现部分江河中检测出了抗生素，且含量惊人，引发了央视等权威媒体的接连报道，其中山东鲁抗医药股份有限公司大量偷排的抗生素污水浓度超自然水体10000倍。

（3）土壤污染

2016年《全国土壤污染调查公报》显示，全国土壤总超标率为16.1%，总体上南方土壤污染大于北方，主要污染物是重金属污染和农药污染。当前，我国土壤环境总体状况堪忧，部分地区污染较为严重，已成为全面建成小康社会的突出短板之一。

2017年10月，江西省九江市九江县收割晚稻期间，志愿者在当地取了土壤及稻谷样品送检第三方检测机构，检测结果令人吃惊，土壤和稻谷中的重金属镉超标。土壤（约25cm深）中重金属镉的含量为1.98mg/kg，超出《土壤环境质量标准》（GB 15618—1995）中3级标准1.98倍，稻谷中重金属镉的含量为0.312mg/kg，超出《食品安全国家标准——食品中污染物限量》（GB 2762—2012）1.56倍，这次土壤污染事件是由九江矿冶有限公司排放的废水中含有重金属镉导致的。人长期食用含镉的食物会引起骨痛病，病症表现为腰、手、脚等关节疼痛，骨骼软化、萎缩，四肢弯曲，脊柱变形，甚至连咳嗽都能引起骨折。

2016年5月，国务院印发了《土壤污染防治行动计划》（简称"土十条"），提出未来我国土壤污染防治的行动目标。

（4）固体废物污染

2016年《全国大、中城市固体废物污染环境防治年报》显示，2015年全国246个大、中城市的一般工业固体废物产生量为19.1亿t，工业危险废物产生量为2801.8万t，医疗废物产生量约为68.9万t，生活垃圾产生量约为18564.0万t。在危险废物污染防治工作方面，2015年全国各省（区、市）颁发的危险废物经营许可证共2034份，经营单位核准利用处置规模达到5263万t/年，实际经营规模为1536万t/年；各环境保护督查中心持续深入开展危险废物规范化管理督查考核工作，共抽查了1509家企业，整体抽查合格率为79.0%，比2014年提高了4.1个百分点。在电子废物污染防治方面，2015年全国共有29个省（区、市）的109家废弃电器电子产品拆解处理企业纳入废弃电器电子产品处理基金补贴企业名单，废弃电器电子产品年处理总能力为1.4亿台，实际拆解处理总量达7625.4万台，同比增长8.2%。在可用作原料的废物进口方面，2015年进口废物4698万t，同比减少约5.3%；从事进口废物加工利用企业2142家，同比减少约7.6%。

由于固体废弃物中含有大量可用资源，因此对其处理处置需要进行全生命周期的污染控制：从对生产环节产生的固体废弃物进行科学排放、收集运输、处理处置到再生利用，每个环节都要进行污染控制（图1-5），防止固体废弃物带来二次污染、破坏生态环境。

近年来，中国经济由高速度增长转向高质量发展，每个产业、企业都应当朝着这个

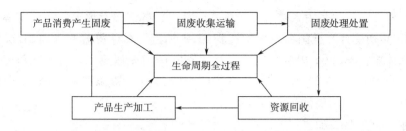

图1-5 固体废弃物处理处置全生命周期的污染控制

方向坚定前行。作为我国绿色发展的物质支撑和绿色经济的组成部分，环保产业也不例外。总体上看，我国环境污染形势依然严峻，雾霾天气多发、城市河道水体黑臭、"垃圾围城"、土壤污染、危废处置以及农村环境污染等问题虽然得到部分改善，但污染治理任重道远。打好污染防治攻坚战，是党的十九大明确的重要任务。

2. 生态环境破坏

建设生态文明是人类文明发展的必然结果，也是人类文明进一步发展的必然要求。自然界是包括人类在内的一切生物的摇篮，是人类赖以生存和发展的基本条件。建设中国特色社会主义不仅要进行经济建设、政治建设、文化建设、社会建设，而且要进行生态文明建设；不仅要实现生产发展、生活富裕，而且要实现生态良好。生态环境的可持续发展与社会经济发展息息相关，良好的生态环境系统既是人类赖以生存的环境，也是人类发展的源泉。随着我国经济的不断发展，人民生活水平日益提高的同时，我国也面临着越来越严重的生态环境问题。当前我国的生态问题突出表现在以下几点。

（1）耕地面积急剧减少

我国国土总面积约933万km^2，但是可耕地资源十分有限。2016年统计，我国耕地面积为20.24亿亩，但由于人口众多，人均耕地面积还不到世界人均耕地面积的一半。改革开放以来，我国耕地面积更是急剧减少。耕地面积减少的原因多种多样，其中建筑占地最为严重，包括住房、工厂等的修建。但很多农村地区却出现了荒村或"村中荒"现象。荒村现象大多是由整村迁移导致的；"村中荒"则是由外要宅基地导致的，农村建设面积不断扩大，但村中间的老宅或是倒塌或是用来放置废弃物品，这些都体现了农村建设规划的不科学、不合理。造成农村耕地面积减少的另一个重要原因是建设用地增加，如铁路、高速公路等基础设施的建设。

（2）土地沙漠化日趋严重

我国目前沙漠化土地约有71万km^2，占国土面积的7.4%；戈壁面积57万km^2，占国土面积的5.9%。更为严重的是，我国沙漠化土地每年正以$2100km^2$的速度扩展。土地沙漠化现象在我国西北地区尤为突出，这些地区原本就处于干旱和半干旱的脆弱生态环境之下，加上伐木毁林等过度开发破坏了生态平衡，从而导致土地肥力下降、质量退化，最终变成沙漠。

（3）森林资源缺乏且急剧减少

我国极度缺乏森林资源，是世界上森林资源最少的国家之一。森林资源的缺乏给人们的生产生活带来了极大的不便，同时也阻碍了我国经济的可持续发展。森林资源缺乏、林地面积急剧减少是由人类过度的伐木开荒、毁林造田及火灾、病虫害等原因引起的。据 2018 年初统计，全国森林面积达到 31.2 亿亩，森林覆盖率达到 21.66%，其中福建省的森林覆盖率以 65.95% 居第一，江西省以 63.1% 居第二。从国际角度来看，据联合国粮食及农业组织（UNFAO）的《2015 年全球森林资源评估报告》，全球的森林覆盖率为 30.6%，中国仍低于世界平均水平。

（4）水土流失日益加重

水土流失是我国土地资源遭到破坏的最常见的地质灾害，以黄土高原地区最为严重。根据公布的中国第 2 次遥感调查结果，中国的水土流失面积达 356 万 km^2，占国土总面积的 37%，其中水力侵蚀面积达 165 万 km^2，风力侵蚀面积 191 万 km^2。我国是世界上水土流失十分严重的国家之一，造成我国水土流失严重的原因：从自然方面来看，主要有多山，土质疏松，垂直节理发育，易冲刷；降水集中，多暴雨，冲刷力强；植被稀少，对地面的保护性差，易造成水土流失。从人为方面来看，主要有乱砍滥伐，植被破坏严重；不合理的耕作制度；开矿及其他工程建设对生态环境的破坏等。

（5）淡水资源严重缺乏

我国是一个淡水资源奇缺的国家，虽然我国的淡水资源总量为 28000 亿 m^3，占全球水资源的 6%，名列世界第四位，但是我国拥有 14 亿多人口，按人均计则约为世界人均水量的 1/4。我国淡水资源奇缺的原因主要有两个方面：一是自然因素，我国水资源时空分布不平衡，导致有些地区水灾频发，有些地区又极度干旱，即水源性缺水；二是人为因素，我国国民的惜水、节水意识薄弱，节水措施不到位，导致水资源浪费现象随处可见。同时由于水体污染使大量水源不能继续使用，造成了水质性缺水。

（6）生物多样性不断减少，大量物种面临灭绝

我国是世界上生物多样性最丰富的国家之一，然而近年来我国生物多样性呈骤减趋势，且大量物种面临灭绝的威胁。生物多样性的减少也使生态平衡遭到严重破坏。我国生物多样性骤减的原因多种多样，主要包括：人口增加、物种生存环境的改变与破坏、掠夺式的开发与利用环境、环境污染、外来物种的入侵或不合理引种等。此外，人类非法收集、采挖、走私等行为也会造成生物多样性的减少。

据统计，我国每年因生态破坏和环境污染造成的经济损失达几千亿元，这一统计尚不包括物种基因消失所造成的无法估量的损失。过去一味追求金山银山破坏了绿水青山，因此十九大报告中把"生态文明建设和环境保护"摆在了非常突出的位置，这是历史的要求，也是时代的召唤。如果把生态环境优势转化为生态农业、生态工业、生态旅游等生态经济的优势，那么绿水青山将成为金山银山。

第三节　环境与疾病

一、地方病

地质历史发展的过程造成了地壳表面的局部地区出现化学元素分布不均的现象，如

某些化学元素相对过剩，某些化学元素相对不足，各种化学元素之间比例失调，使人体从自然环境摄入的元素过多或过少，当超出人体所能适应的变动范围时就会引发某些疾病，即地方病，如地方性甲状腺肿大、克山病、地方性氟中毒等，这些地方病都是自然环境造成的。

地方病的分类主要有：生物地球化学性疾病、自然疫源性疾病、地方性寄生虫病、与特定生产生活方式有关的地方病和原因未明性地方病。其中，生物地球化学性疾病是由于地球的地质化学条件受自身演变影响存在局域性差异而造成人类和其他生物发生的特有疾病，包括碘相关性疾病、地方性氟中毒、地方性砷中毒等。自新中国成立以来，党和政府一直高度重视地方病的预防控制和研究工作，我国在生物地球化学性疾病的防控领域处于国际领先水平，成为发展中国家学习的典范。但自然环境中元素的丰匮很难彻底改变，因此生物地球化学性地方病具有自身的特点。

我国除了上海市之外，其他各省（自治区、直辖市）均有不同程度的生物地球化学性疾病的流行，其最主要的特点就是病区范围广、受威胁人口多、病情重。全国曾有30个省（自治区、直辖市）和新疆生产建设兵团不同程度地流行碘缺乏病；水源性高碘甲状腺肿病区分布于9个省份的115个县，"高碘乡"人口约3100万；饮水型氟中毒的病区分布在28个省（自治区、直辖市）和新疆生产建设兵团的1115个县、6652个病区乡、7 5287个病区村，受威胁人口约7207万；燃煤污染型地方性氟中毒病区分布于12个省、171个县、3 2076个病区村，受威胁人口约3336万；饮水型砷中毒病区村分布在11个省及新疆生产建设兵团的64个县、147个乡、914个病区村，受威胁人口约56万，同时14个省共有2102个"高砷村"，受威胁人口约115万；燃煤污染型地方性砷中毒病区分布于2个省的12个县，受威胁人口约97万。

我国目前有70多种地方病，国家重点防治的有鼠疫、布氏杆菌病、克山病、大骨节病、地方性甲状腺肿、地方性克汀病和地方性氟中毒等。

下面以氟中毒为例介绍地方病。氟是人体所必需的微量元素之一，但当人体摄入过量的氟后会在体内与钙结合形成氟化钙，它是固体物质，会沉积于骨骼和软组织中。氟化钙还会影响牙齿的钙化，使牙齿钙化不全、牙釉质受损。此外由于氟离子与钙、镁离子结合会使钙、镁离子数量减少，使一些需要钙、镁离子的酶活性受到抑制。氟中毒与饮水中含氟量有密切关系。通常每人每日需要的氟含量为1.0~1.5mg，其中65%来自饮用水，35%来自食物。饮水中含氟量如果低于0.5mg/L，龋齿患病率会增加（图1-6）；饮水

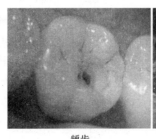

龋齿　　　　　　　　　　　斑牙

图1-6　氟中毒引起的牙斑病

中含氟量高于 1.0mg/L, 氟斑牙患病率会增加; 饮水中含氟量如果达到 4.0mg/L 以上则会出现氟骨病。氟骨病会伴有骨关节痛, 重度患者会出现关节畸形、造成残疾, 还会造成心血管功能衰竭及对脑、肾等特定器官造成损害。

地方性氟中毒是由于当地的岩石和土壤中含氟量过高, 造成饮水和食物中含氟量高而引起的, 不是人为造成的, 因此氟中毒属于地方病。

二、公害病

人类活动排放的各种污染物使环境质量下降或恶化, 影响人类的正常生活和健康, 引发了各种疾病。公害病是环境污染物质对人体健康的损害, 以及由此而引起的地区性疾病, 也称"环境污染疾病"。如与大气污染有关的慢性呼吸道疾病、由含汞废水引起的水俣病、由含镉废水引起的痛痛病等。

公害病对人群的危害比生产环境中的职业性危害更广泛, 凡处于公害范围内的人群, 不论年龄大小均受其影响, 胎儿也不例外。形成公害的污染物在各种环境因素(日光、空气、土、水、生物等)的作用下, 可能发生物理、化学或生物学变化, 从而产生各种不同的危害。例如含无机汞的工业废水排入水体后, 其中的无机汞会沉积水底, 被细菌转化为毒性更强的甲基汞, 并被富集于水生生物(如鱼类或贝类等)体内, 人们长期食用这种含甲基汞的鱼类或贝类就会造成中枢神经系统损伤, 日本的水俣病是一个典型的例子。

公害病有以下特征: ①它是由人类活动造成的环境污染所引起的疾患; ②引起公害病的物质很复杂, 主要有大气污染(如光化学烟雾等)、水体污染(如水俣病等)、土壤污染(如痛痛病等)、噪声污染等; ③此病对人群的危害十分广泛, 处于公害范围内的人群不论年龄大小均受其影响; ④公害病的流行一般有长期(十数年或数十年)陆续发病的特征, 也可能出现急性暴发型疾病, 使大量人群在短时间发病; ⑤公害病是新病种, 有些发病机制至今还不清楚, 因而缺乏特效疗法。公害病事件会造成千上万的人发病甚至死亡, 公害病会给人类带来具有灾难性的后果。

20 世纪主要的公害事件有: ①水俣病: 是由于人摄入富集在鱼贝中的甲基汞而引起的中枢神经系统损伤疾患, 是最严重的公害病之一。因最早发现于日本熊本县水俣湾附近的渔村而得名。水俣病症状主要表现为四肢末端感觉麻木、运动失调、视野缩小、语言和听力困难、阵发性抽搐和发笑等。②痛痛病: 最早在日本富山县神通川流域发生, 由于含镉废水污染水源及农田, 居民长期食用含镉米和饮含镉水后得病, 患者起初是大腿酸痛、腰痛, 及至发展为全身痛、身体缩短, 严重者身高可缩短 20 ~ 30cm, 此病患者大多发生多发性骨折, 最后因营养不良, 全身衰竭而死。③伦敦烟雾: 1952 年12 月, 一场灾难降临了英国伦敦。地处泰晤士河河谷地带的伦敦城市上空处于高压中心, 一连几日无风, 风速表读数为零。大雾笼罩着伦敦城, 又值城市冬季大量燃煤, 排放的煤烟粉尘在无风状态下蓄积不散, 烟和湿气积聚在大气层中, 致使城市上空连续四五天烟雾弥漫, 能见度极低。在这种气候条件下, 飞机被迫取消航班, 汽车即便白天行驶也须打开车灯, 行人走路都极为困难, 只能沿着人行道摸索前行。由于大气中的污染物不断积蓄且不能扩散, 许多人都感到呼吸困难, 眼睛刺痛, 流泪不止。许多人出现胸闷、窒息等不适感，发病率和死亡率急剧增加。伦敦医院由于呼吸道疾病患者剧增而一时爆满，伦敦城内到处都可以听到咳嗽声。仅仅4天时间，死亡人数就达4000多人，两个月后又有8000多人陆续丧生。此次事件被称为"伦敦烟雾事件"，成为20世纪十大环境公害事件之一。

21世纪的全球主要公害事件有：①墨西哥湾漏油事件：美国南部路易斯安那州沿海一个石油钻井平台当地时间2010年4月20日晚10点左右爆炸，造成7人重伤、至少11人失踪，引发美国历史上最严重的原油泄漏事故。这起原油泄漏事故严重威胁到在墨西哥湾生存的数百种鱼类、鸟类和其他生物。当地渔民赖以生存的捕捞业有可能遭到毁灭性的打击。漏油产生的毒物会在食物链积聚进而改变食物链网，一些海洋物种可能灭绝，另外，漏油使许多地方土壤受侵蚀，植被退化。②云南曲靖铬渣污染事件：2011年4~6月，两名运输司机为节约运输成本多次将铬渣倾倒在曲靖市麒麟区的山上，累计倾倒总量5222.38t，造成叉冲水库40000m³水体和箐沟3000m³水体受到污染。③日本福岛第一核电站核泄漏事件：2011年3月11日，日本东部地区发生震惊世界的9级强烈大地震，造成超过2万人死亡和失踪。强震和随之引发的海啸造成福岛核电站严重受损，发生核泄漏事故，数十万人被迫疏散。福岛第一核电站发生事故后，该国全年遭受辐射量达1mSv以上，需要清除放射性物质的地区为1.16万km²，约占国土面积的3%。据东京电力公司公布的数据显示，福岛核事故后的两年间，约有多达1×10^{13}Bq的锶、2×10^{13}Bq的铯和$2 \times 10^{13} \sim 4 \times 10^{13}$Bq的氚注入大海。前两种放射性物质的入海量总计达$3 \times 10^3$Bq，约相当于安全规定中通常运转时全年入海排放标准的100倍。

下面以肺癌为例介绍公害病。近些年，癌症的发病率和死亡率均不断上升，大量的调查研究表明，癌症等疾病的发病率上升与环境污染有关。由于环境污染对人体的作用一般具有剂量小、作用时间长等特点，因此容易被人们所忽视，往往病发之日，尚不知谁是元凶。环境污染就像邪恶的阴影，悄悄吞噬着人体的健康。

研究大气污染的许多学者惊奇地发现，随着工业和经济的发展，人们生活水平的提高，肺癌的发病率也在显著提高，特别是世界经济发达地区的患者成倍地增加。GLOBOCAN（世卫组织下属的国际癌症研究机构）的数据显示，2018年全世界新发肺癌210万例，占所有新发肿瘤病例的11.6%（排名第一）；死亡180万例，占所有肿瘤死亡病例的18.4%（排名第一）。发达地区与发展中地区的癌症有所不同。在发达地区，肺癌发病居恶性肿瘤的第三位，其新发病例数低于乳腺癌和前列腺癌；而在发展中地区，肺癌发病位居恶性肿瘤的首位，这可能与不同地区人群的危险因素暴露存在差异有关。美国的肺癌疾病负担同样较高，肺癌的发病率在美国男性、女性人群中均居恶性肿瘤的第二位，2018年美国肺癌新发病例约23.4万例，其中男性12.17万例，女性11.23万例。肺癌也是美国排名第一位的肿瘤死因，2018年美国肺癌死亡病例约15.41万例，其中男性8.36万例，女性7.05万例。肺癌也是我国最常见的恶性肿瘤，由于人口基数较大，我国肺癌的新发病例和死亡病例数都远超其他国家，肺癌的疾病负担一直以来都十分沉重。

近年来，我国肺癌发病率及死亡率亦不断上升。国内外流行病学研究报告，大气污染易诱发肺癌而使死亡率增高。在公认的大气污染物中，颗粒物与人群健康效应终点的流行病学联系最为密切。PM10 与 PM2.5 都可增加肺癌的危险。美国的研究表明,硫酸盐、硝酸盐、氢离子、元素碳、二次有机化合物及过渡金属都富集在细颗粒物上,而钙、铝、镁、铁等元素则主要富集在粗颗粒物上,它们对人体的影响不同。PM2.5 对人体的危害比 PM10 大,已成为环境空气控制政策的新目标。随着交通的发展、机动车辆的增加、环境的日益破坏,PM2.5 污染越来越严重。研究发现,大气中 PM2.5 在总悬浮颗粒物中的比率逐年增加,沉积在下呼吸道的 96% 的颗粒物是 PM2.5。基于我国人群的研究显示,PM2.5 浓度每增高 $10\mu g/m^3$,男性、女性的肺癌发病相对风险增加 5.5% 和 14.9%;我国 23.9% 的肺癌死亡可以归因于 PM2.5 污染;PM10 浓度每增高 $10mg/m^3$,肺癌死亡风险增加 3.4% ~6.0%。

由于大气污染物中的 PM10 与 PM2.5 是造成肺癌的重要原因,因此肺癌和其他环境污染造成的疾病一样,也属于公害病。

三、职业病

职业病是指企业、事业单位和个体经营组织的从业者在职业活动中,因接触粉尘、放射性物质和其他有毒有害物质等因素而引起的疾病,如职业中毒、尘肺、热射病、日射病、电光性眼炎、振动性疾病、放射性疾病以及职业性的炭疽、皮肤病、白内障、森林脑炎等。

下面以尘肺病为例介绍职业病。尘肺病或肺尘病又称黑肺症,尘肺俗称矽肺、砂肺,是一种肺部纤维化疾病。患者通常长期处于充满尘埃或垃圾堆积的场所,因吸入大量灰尘导致末梢支气管下的肺泡积存灰尘,一段时间后肺内发生变化感到不适,形成纤维化。患上肺尘病的人因为交换气体的作用受阻,血液中的氧气不足,使得二氧化碳过多,这种现象长期持续会导致右心室肥大、肺性心或心不全等现象。因右心室肥大、肺性心或心不全等症状,患者会出现全身性的衰弱现象,抵抗力随之减弱,如果再并发急性肺炎,病情严重则会死亡。此症还可能并发癌,并发肺结核、慢性支气管炎、肺气肿的病例亦不在少数。

在充满尘埃或易于引起此症的场所工作的人,患病率自然偏高。过去以矿工最容易罹患,此外营建类工作者也容易罹患,工作场所、事务与喷砂表面处理、岩石压碎及钻孔、混凝土、隧道工程、水泥或沥青的制造等相关者也容易罹患,因此尘肺病是一种职业病。

第四节　生态环境保护的重要性

一、生态环境治理的重大需求

环境和生态是当今全球面临的严峻问题,对我们这样一个人口众多、资源相对不足、环境脆弱的发展中国家更是一个严峻的挑战。目前,生态环境已经成为制约我国发展的一个重要因素,成为威胁中华民族生存与发展的重大问题。

我国主要的环境污染和生态破坏问题主要表现在水资源、土地资源、空气资源、森林资源、草原资源、动物资源等方面，具体体现为水土流失、土地荒漠化、地下水位下降、湖泊面积减小、湿地面积减少、水污染、水资源缺乏、动物物种锐减、天然森林资源锐减、草原生态系统失衡、空气污染、噪声污染。

从政治方面来看，生态环境保护的法制不完善和资源价格政策的不合理性是生态环境破坏的关键因素。生态环境立法不配套、不能完全适应社会主义市场经济的需求、执法不严，群众对环境保护的参与性较弱，监督机制不健全等问题突出。长期以来，我国的自然资源低价或者无价的政策引发了一系列问题。资源无价政策诱使人们单纯地追求经济产值和经济增长速度，不顾自然资源过度开发和由此造成的资源浪费并最终导致自然资源不断衰竭。

从经济方面来看，人口的持续增长、粗放式经济增长方式、产业结构不合理、对生态环境的保护和建设投入不足是生态环境破坏的重要因素。资源的需求量不断增长，人们不断地向自然索取，但是由于产业结构不合理和我国技术水平不发达，使我们一直以粗放的经济方式实现经济快速增长，结果不仅浪费了大量资源，而且给空气、水、土地等自然资源造成了不可恢复的伤害。

从文化方面来看，对生态环境资源价值的认识不足和全民生态意识薄弱是生态环境破坏的因素之一。调查显示，过去全民对环境缺少了解，根本不可能主动去保护环境，正是因为没有意识才使政府没有及时颁布有效的法令来强制全民对环境进行保护，才使改革开放以来商人只关注自我利益而忽视了对环境的自我主动保护。

环境污染和生态破坏给我们带来的严重危害主要表现在以下三个方面。

（1）威胁生态平衡

例如酸雨可导致土壤酸化，我国南方土壤本来多呈酸性，再经酸雨冲刷后更加速了酸化过程。根据初步的调查统计，四川盆地受酸雨危害的森林面积最大，约为2800km^2，占林地面积的32%，贵州受害森林面积约为1400km^2。研究结果显示，我国西南地区由于酸雨造成森林生产力下降，共损失木材630万m^3，直接经济损失达30亿元。威胁生态平衡将会造成生态危机，直接威胁到人类的生存。

（2）危害人类健康

环境污染日益严重，致使人们呼吸被污染的空气、饮用被污染的水、吃被污染的瓜果蔬菜。噪声也严重危害着人类的健康，环境污染对人体的危害具有影响范围大、接触时间长、潜伏时间久等特点。

（3）制约经济和社会可持续发展

环境问题越来越严重使世界各国普遍认识到通过高消耗追求经济数量的增长和先污染后治理的发展模式已不再适应当今和未来发展的要求，世界各国普遍推行可持续发展战略，这是人类发展模式的根本变革。生态环境一旦遭到破坏，需要几倍的时间乃至几代人的努力才能恢复，甚至永远不能复原。

二、生态环境保护的重要性

"环境就是民生，青山就是美丽，蓝天也是幸福。"拥有天蓝、地绿、水净的美好家园是每个中国人的梦想。我国政府十分重视生态环境保护，并把生态环境保护作为一项基本国策，这对于坚决打好污染防治攻坚战，推动生态文明建设迈上新台阶具有重要意义。

1. 良好生态环境是最普惠的民生福祉

中国特色社会主义进入新时代，我国社会主要矛盾已经转化为人民日益增长的美好生活需要和不平衡不充分的发展之间的矛盾。经过40多年的改革开放，我国经济社会取得巨大发展成就，人民群众的幸福感和获得感得到大幅提升，总体幸福指数也得到大幅提升，但生态环境等问题也开始凸显，人民群众从注重"温饱"逐渐转变为更注重"环保"，从"求生存"到"求生态"。生态环境问题已经成为全面建成小康社会的突出短板，扭转环境恶化、提高环境质量是广大人民群众的热切期盼。

正是在这样的形势下，习近平总书记提出，良好生态环境是最公平的公共产品，是最普惠的民生福祉。"环境就是民生，青山就是美丽，蓝天也是幸福。"这实际上是强调要从民生改善与人民福祉的角度去改善生态环境。可以说，生态环境质量直接决定着民生质量，改善生态环境就是改善民生，破坏生态环境就是破坏民生。必须让人民群众在良好的生态环境中生产生活，让良好生态环境成为人民群众生活质量的增长点。改善生态环境，建设生态文明，突出体现了以人民为中心的发展思想。

2. 良好生态环境是人类生存与健康的基础

人因自然而生，人与自然是生命共同体，人类对大自然的伤害最终会伤及人类自身。生态环境没有替代品，用之不觉，失之难存。在人类发展史上特别是工业化进程中曾发生过大量破坏自然资源和生态环境的事件，酿成惨痛教训。党的十八大以来，习近平总书记反复强调生态环境保护和生态文明建设，强调"要把生态环境保护放在更加突出位置，像保护眼睛一样保护生态环境，像对待生命一样对待生态环境"，就是因为生态环境是人类生存最为基础的条件，是我国持续发展最为重要的基础。

生态环境还是人类文明存在和发展的基础。历史上的文明古国都发源于生态环境良好的地区，但因为生态环境遭到破坏导致文明衰落的例子比比皆是。习近平总书记指出，"生态兴则文明兴，生态衰则文明衰"。这实际上是道出了生态环境状况与文明发展兴衰的直接关系。所以说，生态环境保护是功在当代、利在千秋的事业，建设生态文明是中华民族永续发展的千年大计。

3. 良好生态环境是展现我国良好形象的发力点

保护生态环境是全球面临的共同挑战。习近平总书记提出："国际社会应该携手同行，共谋全球生态文明建设之路，牢固树立尊重自然、顺应自然、保护自然的意识，坚持走绿色、低碳、循环、可持续发展之路。在这方面，中国责无旁贷，将继续作出自己的贡献。"党的十八大以来，我国生态文明建设成效显著，引导应对气候变化国际合作，成为全球生态文明建设的重要参与者、贡献者、引领者。良好生态环境也成为展现我国良好形象的发力点。

按照党的十九大报告的部署，坚持人与自然和谐共生，坚定走生产发展、生活富裕、生态良好的文明发展道路，建设美丽中国，既能为人民创造良好生产生活环境，也能为全球生态安全作出贡献。

4. 良好生态环境是生产力和"金山银山"

生态环境与生产力直接相关。生产力是人类改造自然的能力，由劳动资料、劳动对象、劳动者三个基本要素构成。自然界中的生态环境是劳动对象和劳动资料的基础和材料，因此是生产力直接的构成要件。习近平总书记指出，"纵观世界发展史，保护生态环境就是保护生产力，改善生态环境就是发展生产力"，"绿水青山就是金山银山"。只要保护好了生态环境，就可以发展生态产业、绿色产业，实现经济价值，变成真金白银。

三、生态环境保护主要工作

经济发展是关涉人们物质生活水平的问题，而生态环境的保护则是关涉人类生存质量，甚至人类能否持续健康生存发展的问题。自然环境为经济的发展提供了原始的生产资料，人类只有有效地保护自然生态环境才有可能很好地借助自然界来满足自己的需要，自然力才会最大限度地、持久地转变为现实的生产力，经济才能持续稳定发展。环境保护不仅可避免环境污染与生态破坏带来巨大的经济损失，还可促进资源的综合利用和经济结构优化，从而创造直接的经济效益。生态环境保护除了可以带来较高的经济价值外，从社会价值角度上讲，环境保护还可维护社会的安定团结，树立良好的大国形象，提升国际地位，从而取得良好的政治效益。

制定并执行生态环境保护措施，致力于在保护生态环境的同时改善人民的生活质量，已经成为我国民生工程的关注点。保护生态环境不仅关乎人们的生存环境，也影响着经济发展，为此我们应该：

①有计划地保护生态环境，预防环境质量恶化，控制环境污染，促进人类与环境协调发展，提高人类生活质量，保护人类健康，造福子孙后代。

②提升生态环境保护的政策力度，从而更好地采取治理和应对突发环境事故，是当前亟待解决的任务。

③发展国民经济建设时要把保护生态环境放在首要位置，借鉴国际最佳实践和企业成功经验，从而进一步推动中国的可持续发展。

④提升地方政府和企业的生态环境保护意识和能力，促进企业的生态环境保护认知和意识，以生态环境保护促进当地社区、工业、价值链、买方市场的综合效益。

⑤改善人民的生活质量而不危及后代人的利益，政府应制定和实施更加严厉的清洁生产、高效利用自然资源等法规和政策，以减少对环境的污染。

⑥严格执行生态环境保护的法律法规，充分利用经济杠杆策略，以实现真正意义上的、促进人与自然的和谐过程。

总之，良好的生态环境是国家经济富强、政治稳定、文化繁荣、社会和谐的基础和保障。在生态环境保护方面，坚持"预防为主，防治结合"的方针；在生态环境管理方面，坚持"强化监督"的方针；在资源开发与利用方面，坚持"谁开发、谁保护，谁破坏、谁恢复，谁受益、谁补偿"的方针。

生态环境保护的概念实际上早已植入人们心中，同时国家根据我国发展现状也制定了详细的环境保护措施，号召广大公民从小事入手来调整和约束自己的言行，自觉地保护资源和环境，使人们从内心深处树立环境保护的意识，从而提高全体国民的综合素质。

 复习思考题

1. 为什么说"绿水青山就是金山银山"？
2. 请简要论述人体与环境的关系。
3. 什么是环境？什么是环境问题？
4. 我国的环境问题有哪些？
5. 地方病与公害病有何区别？

第二章　水体污染及控制

第一节　水资源与水环境

水是生命之源，也是人类生产活动中不可缺少的基本资源。人体中的水分含量占65%左右，成年人身体中平均含水量为40～50kg，每天需消耗和补充的水量达到2.5kg，人失水20%左右就会死亡，可见水对于人类来说是不可缺少的重要物质。因此，保护水资源、防止水污染是所有人义不容辞的责任。

一、水资源状况

1. 淡水资源紧缺

地球总储水量约14亿km³，其中近97.41%是海水，淡水仅占2.59%，且绝大部分淡水分布在两极的冰川、雪山及以地下水形式分布于地表以下750m处。可被利用的淡水仅仅是河流湖泊等地表水和部分地下水，仅占淡水总量的0.3%左右。

地球淡水资源严重短缺。据统计，约占世界人口总数40%的80个国家和地区约28亿人口淡水资源不足，其中26个国家约3亿人极度缺水。联合国预计，到2025年，淡水资源紧缺将成为世界各国普遍面临的严峻问题，世界人口中将有一半面临缺水，水危机已经严重制约了人类的可持续发展。

2017年，我国水资源总量为28761.2亿m³，大约占全球水资源的6%。其中地表水资源量为27746.3亿m³，地下水资源量为8309.6亿m³。我国水资源总量虽然大，但由于我国人口众多，且水资源分布不平衡，导致我国约1/4的省份面临严重缺水问题，人均水资源拥有量仅为2074.53m³，是全球水资源贫乏的主要国家之一。我国各地水资源分布也不均衡，天津市2017年的人均水资源仅为83.36m³，在全国处于最后一名。

近年来，随着我国城镇化进程的加快和人们生活水平的提高，人们对于洁净水的需求日益增加。我国也是水资源污染严重的国家之一，水资源需求与供给之间的不平衡使我国面临十分严峻的水资源短缺问题。所以合理用水、节约用水在我国任重道远。

2. 水资源空间分布不均衡

全球水资源地区分布极不平衡。巴西、俄罗斯、加拿大、中国、美国、印度尼西亚、印度、哥伦比亚和刚果9个国家的淡水资源总量占了世界淡水资源的60%，但我国人均水资源占有量只相当于世界平均水平的1/4。

我国水资源空间分布很不均匀。长江流域以北的淮河、黄河、海河、滦河、辽河、黑龙江几个流域水资源量合计仅占全国总量的 14.4%，而人口却占全国总量的 43.5%。总的来说，南方水多、人多、地少；北方地多、人多、水少。南方水资源总量占全国的 81%，人均占有量约为全国均值的 1.6 倍，亩均占水量为全国均值的 2.3 倍。其中，西南诸河人均占有水资源量达全国均值的 15 倍，亩均占有水量达全国均值的 12 倍。黄河、淮河、海河三大流域的水资源总量仅占全国的 7.5%，而人口和耕地却分别占到全国的 34% 和 39%。南方和北方相比，前者人均水量为后者的 4.5 倍，亩均水量为 9.1 倍；西南诸河与海、滦河相比，前者的人均水量为后者的 89 倍，亩均水量为 87 倍。

我国水资源的分配，总体上南方水资源充足，北方缺水。为缓解北方缺水状况，促进南北方经济、资源、环境的协调发展，才有了现在的南水北调工程。

3. 水污染加剧了水危机

在水资源短缺问题越发突出的同时，人们又在大规模污染水资源，导致水质恶化。全世界目前每年排放污水 4000 亿 ~ 5000 亿 m³，造成 55000 亿 m³ 的水体污染，约占全球径流量的 14% 以上。有人认为，到 2025 年全世界人口增至 83 亿时，如果不合理开发利用水资源，将有一半的人口遭受中高度或高度缺水压力和水资源危机。另据联合国调查统计，全球河流稳定流量的 40% 左右已被污染。不仅是淡水污染严重，海洋的污染情况也令人震惊。海洋的浩瀚无边与自动净化能力使人类一直把海洋当作最好最大的天然垃圾坑，倾废是人类利用海洋的主要方式。各国特别是工业国家每年都向海洋倾倒大量废物，如下水污泥、工业废物、疏浚污泥、放射性废物等。

水资源污染物主要来自人类制造排放的废水、废气和废渣。长期以来，人们并不把治理污水放在心上，而是放任污水横流，甚至把大江小河当作城市"清洁器"，只望"一江春水向东流"，带走垃圾和废物。

《2018 年中国生态环境公报》显示，全国地表水 1935 个断面中 I ~ Ⅲ 类占 71.0%；Ⅳ、Ⅴ 类占 22.3%；劣 Ⅴ 类占 6.7%。图 2-1 展示了 2018 年我国主要流域水质状况，可见水污染还是比较严重的。

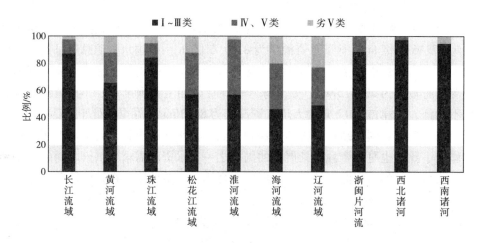

图 2-1 2018 年我国主要流域水质状况

以海河流域为例，如图 2 - 2 所示，劣 V 类、V 类、IV 类水质分别达到了 20.0% 、14.4% 、19.4% 。

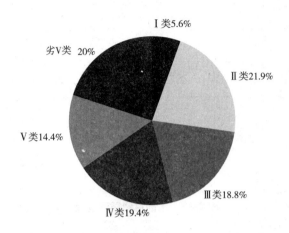

图 2 - 2 海河流域污染状况

随着工业化、城镇化发展和全球气候变化影响加大，中国水资源面临的形势日益严峻，洪涝灾害、干旱缺水、水污染、水土流失等问题更趋突出。2011 年，我国政府出台了加快水利改革发展的政策文件，召开了水利工作会议，提出把实行严格水资源管理制度作为加快转变经济发展方式的战略举措，注重科学治水、依法治水，加快建设节水型社会。2019 年 1 月，我国政府出台实施了有史以来最严格的水资源管理制度的政策文件，明确了水资源开发利用控制、用水效率控制、水功能区限制纳污等控制指标：到 2020 年，全国用水总量控制在 6700 亿 m³ 以内，万元工业增加值用水量降到 65m³ 以下，农田灌溉水有效利用系数提高到 0.55 以上，重要江河湖泊水功能区水质达标率提高到 80% 以上；到 2030 年，全国用水总量控制在 7000 亿 m³ 以内，万元工业增加值用水量降到 40m³ 以下，农田灌溉水有效利用系数提高到 0.6 以上，水功能区水质达标率提高到 95% 以上。

二、水循环

水资源是指可供人们经常可用的水量，即大陆上由大气降水补给的各种地表、地下淡水水体的储存量和动态水量。地表水包括河流、湖泊、冰川等，其动态水量为河流径流量。地下水的动态水量为降水渗入和地表水渗入补给的水量。

地球上的水在不断地进行循环并处于平衡状态，水循环分为自然循环和社会循环两种。

1. 自然循环

自然循环体现了生态系统的三大功能之一——物质循环。地球上的水在阳光照射下，通过水的蒸发，植物茎叶的蒸腾，形成水蒸气，进入大气，遇冷凝结，以降雨、雪、雹等形式重返地面。返回地面的水一部分渗入地下成为土壤水和地下水，再供植物蒸腾或直接从地面蒸发；一部分流入江河、湖泊、海洋，在这些水面蒸发，无休止地往复循环。

图 2 - 3 表示的是水的自然循环过程。

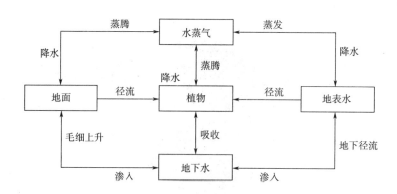

图 2 - 3 水的自然循环过程

水的自然循环量一般以降水量作为计算依据。据推算,整个地球的年降水量大致为 $5.77 \times 10^5 km^3$。因此,每年的自然循环水量仅占地球上总水量($3.86 \times 10^8 km^3$)的 0.04%。这些循环水量只有 21% 降落到地面(每年约 $12 \times 10^4 km^3$)。降水到达地面后约有 56% 的水量为植物蒸腾、土壤和地面水体蒸发所消耗,34% 形成地表径流,10% 通过下渗补给地下水,形成地下渗流。全球各地区自然条件不同,这些数据略有差异。

2. 社会循环

地面或者地下水源的水通过净水厂处理后输送到千家万户,一部分用到日常生活中,如厨房用水、洗浴用水、冲厕水等,产生的生活污水和雨水一起进入污水处理厂,达标后排入天然水体。另一部分分配到生产用水中,产生的工业废水经企业废水处理厂处理后排入污水处理厂或自然水体,补充地面和地下水源。

水的社会循环,指的是人类社会为了满足生活和生产需求从各种天然水体取用大量的水,经过使用后的水最终再排入天然水体。人类社会中构成的局部的水循环体系称为水的社会循环,如图 2 - 4 所示。

人们在日常生活中需要大量的水。人体重量的 2/3 由水构成,水既是构成人类身体的基础,又是传输营养和新陈代谢过程的一种介质。从医学卫生的观点看,人类为维持人体机能,每人每天至少需要 2 ~ 3L 水,如果加上卫生方面的需要,每人每天全部生活用水量需 40 ~ 50L。一般来说,人们的生活水平越高,生活用水量也越大。目前发展中国家平均每人每天用水量为 40 ~ 60L,而发达国家每人每天用水量达 200 ~ 300L,在一些现代化的大城市里这一数值更高一些。当然,用水量多少也与不同地区的气候条件和人们的生活习惯有关。随着节约用水措施的开展,用水量正逐步降低。

工业生产中也离不开水。据统计,工业用水一般占城市用水量的 70% ~ 80%。无论发电、冶金、化工、石油还是纺织、印染、食品、造纸等,可以说,几乎没有一种工业不需要水。各类工业产品的单位用水量由于原料、工业过程、管理水平不同而有所不同。

对农业而言,水是命脉。不少国家尽管工业用水量已经很大,但用于农业灌溉的水

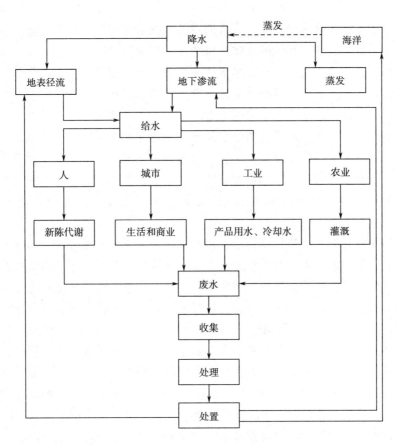

图 2 - 4 水的社会循环过程

量更是远远超过工业用水量。一些工业发达国家（日本和美国）的农业用水量通常是工业用水量的 1～2 倍。我国是农业大国，农业是主要的用水和耗水部门。据统计，长江流域每公顷水稻田的需水量为 3750～7500m³。北方地区主要农作物小麦、玉米和棉花每公顷的需水量分别为 3000～4500m³、2250～3750m³ 和 1200～2250m³。

随着世界人口的增长和工农业的发展，用水量也将逐渐增加，用水量的增加也就意味着所排放的废水量增加。未经治理的废水如果任意排放到天然水体就会造成严重污染，使得本来就紧张的水资源更趋紧张。这就是在水的社会循环中表现出来的人与自然在水量和水质方面存在着巨大矛盾，因此我们必须在合理利用水资源的同时有效地控制水体污染，做到向自然界借"好水"，也应该把"好水"还给大自然，使水有良性的社会循环，人类社会才能实现可持续发展。

三、水资源利用情况

世界各国利用水资源主要用于工业、农业和生活之中。工业用水情况千差万别，如发电、造纸、人造纤维等部门的需水量最大，水泥、机械等部门用水量较少，农业用水的大小取决于各地区的气候条件、水利化程度、作物种类、灌溉情况等。生活用水取决于人们的生活习惯、生活水平等条件，各地区的生活用水量差别巨大。随着生活水平的不断提高，特别是现代化城市的发展，人们对淡水的需求量急剧增加，随之也产生了越来越多的生活污水，对城市周围的水体环境造成了严重污染。

水资源利用过程中最大的问题就是水资源浪费严重、利用率低。大部分国家的供水管道都存在漏耗问题，这就造成了严重的水资源浪费。菲律宾首都马尼拉市供水管网的漏耗水量已近其总供水量的58%，即使是管理措施较好的新加坡也存在着8%的管网漏耗率。有关资料表明，我国城市公共供水系统（自来水）的管网漏损率平均达21.5%，仅城市便器水箱漏水一项每年就损失上亿立方米水，全国每年浪费水资源更在百亿立方米以上。另外，水资源的重复利用率和有效利用率低：我国的工业用水重复利用率仅有45%，万元工业产值耗水量远远高于工业发达国家，农业灌溉有效利用率一般只有25%~40%。

水资源是稀缺资源，虽然可以再生，但很多人为因素会严重影响水的循环和再生，如过度开采水资源、水污染、水工程老化失修、环境的日益恶化等。因此，在对水资源的开发利用过程中最重要的就是要节约用水，促进水资源的循环使用和防止浪费。

为了节水和充分利用水资源，我们应从以下几个方面着手：①在市政建设方面，要通过定期检查和修缮供水管道设施防止和减少"跑、冒、滴、漏"现象，并重视搞好城镇生活污水的处理和回用，有效防治水污染并充分利用回用水。②在居民日常生活方面，要通过开发和采用节水型家用设备减少水资源浪费。例如，日本家家户户使用的节水马桶就比传统马桶节约用水30%以上，这种新型马桶能够让洗手水直接流入马桶水箱，供冲洗马桶使用，大大减少水资源的浪费。③在政策支持方面，要鼓励实施水资源的循环使用和雨水利用等，可以将洗澡水、洗衣机排水以及其他生活排水集中到一块，通过生物、化学或物理等方式进行处理、净化之后再用来冲洗厕所、洗车、路面洒水等。④在工业用水方面，要采用和推广先进的生产工艺，提高水的重复利用率，并采取坚决有效措施防止水污染。⑤在农业用水方面，要抓好农业节水，农业生产用水量最大而且水的利用效率较低，节水的潜力还很大。⑥在宣传导向方面，要深刻认识到水资源的短缺问题，大力倡导节约用水，树立节水意识。只有保护水资源，节约用水，才能让人类的生活延续，才不至于使人们的眼泪成为最后一滴水。

四、水资源的重要作用

水对我们的生命起着重要的作用，它是生命的源泉，是人类赖以生存和发展的不可缺少的最重要的物质资源之一。人的生命一刻也离不开水，水是人生命需求最主要的物质。其重要作用体现在以下方面。

（1）调节气候

水是大气的重要成分，虽然大气中仅含全球水量的百万分之一，然而大气和水之间的循环相互作用，确定了地球水循环运动，从而形成支持生物的气候。大气中的水能够帮助调节全球能量平衡，水循环运动为不同地区发挥着能量传输作用。

（2）水能塑造地球表面的形态

流动的水开创和推动着土地地貌的形成，重塑地表景观以及形成三角洲等。水是形成土壤的关键因素，并且在岩石的物理风化过程中起着重要作用。

（3）水具有物质运输的功能

水可以输送多种多样的材料和营养物质。水输送物质的形式有两种：溶解的矿物质和整体物质。大气中的各种颗粒物质可以沉降到水体，然后由水输送。可见，水可以把环境污染物输送、扩散到更远、更广泛的区域。

（4）水是一切生物必不可少的物质

生命的形成离不开水，水是生物的主体，生物体内含水量占体重的 60% ~ 80%，有些甚至占到 90% 以上。水是生命原生质的组成部分，参与细胞的新陈代谢，还是生物体内外生物化学反应发生的介质。因此，一切生命都离不开水。水与生物以各种方式相互作用，在一个区域范围内，水是决定植被群落和生产力的关键因素之一，还可以决定动物群落的类型、动物行为等。

（5）水是人类赖以生存和生产的最基本的物质基础

水与人类的关系非常密切，不论人类生活还是生产活动都离不开水这一宝贵的自然资源，水既是人体的重要组成，又是人体新陈代谢的介质，人体的水含量占体重的 2/3，每天每人至少需要 2 ~ 3L 水维持人体机能。工业生产、农田灌溉、城市生活都需要消耗大量的水。但是，随着人口和经济活动的加剧，全球的水循环已大大偏离了它的自然状态，水的流动已发生了显著的变化。人口迅速增长加快了对水资源的消耗，工农业生产发展严重污染了水体，森林破坏改变了蒸发和径流方向等，人类活动造成了水资源的严重破坏，使世界面临着水危机。

第二节　水体污染

水是一切生命赖以生存、社会经济发展不可缺少和不可替代的重要自然资源和环境要素。但是，现代社会的人口增长、工农业生产活动和城市化的急剧发展对有限的水资源及水环境产生了巨大的冲击。在全球范围内，水质的污染、需水量的迅速增加以及部门间竞争性开发所导致的不合理利用使水资源进一步短缺、水环境更加恶化，严重地影响了社会经济的发展，威胁着人类的福祉。

目前，全世界每年约有超过 $4.2 \times 10^{11} \mathrm{m}^3$ 的污水排入江河湖海，污染了 $5.5 \times 10^{12} \mathrm{m}^3$ 的淡水，相当于全球径流总量的 14% 以上。

第四届世界水论坛提供的《联合国水资源世界评估报告》显示，全世界每天约有数百万吨垃圾倒进河流、湖泊和小溪，1L 废水会污染 8L 淡水；所有流经亚洲城市的河流均被污染；美国 40% 的水资源流域被加工食品废料、金属、肥料和杀虫剂污染；欧洲 55 条河流中仅有 5 条水质勉强能用。

水污染对人类健康造成了很大危害。发展中国家约有 10 亿人喝不到清洁水，每年有 2500 多万人死于饮用不洁水，全世界平均每天 5000 名儿童死于饮用不洁水，约 1.7 亿人饮用被有机物污染的水，3 亿城市居民面临水污染。在肝癌高发区的流行病调查表明，饮用藻菌类毒素污染的水是肝癌的主要原因。

一、水体污染和水体自净

1. 水体污染

水体因接受过多的杂质而导致其物理、化学及生物学特性的改变和水质恶化，破坏了水中固有的生态系统，从而影响水的有效利用，危害人体健康，这就是水体污染。

造成水体污染的原因有两类：一类是人为因素造成的，主要是工业排放废水，此外还包括生活污水、农田排水、降雨淋洗大气中的污染物以及堆积在大地上的垃圾经降雨淋洗污染物流入水体等。另外还有自然因素造成的水体污染，诸如岩石的风化和水解、火山喷发、水流冲蚀地面、大气降尘的降水淋洗。生物（主要是绿色植物）在地球化学循环中释放物质也属于天然污染物的来源。由于人类因素造成的水体污染占大多数，因此通常所说的水体污染主要是人为因素造成的污染情况。

2. 水体自净

环境水体对污染物都有一定的承受能力，即该水体的环境容量。水体能够在其环境容量的范围内，经过水体一定时间的物理、化学、生物方面的作用，使排入水体中的污染物浓度和毒性随着时间的推移自然降低，称为水体的自净作用。

（1）水体自净的分类

水体自净的过程非常复杂，按其机理可分为：

①物理自净。物理自净包括稀释、挥发、扩散、混合、沉淀等过程，水体中的污染物在这一系列的作用下，其浓度得以降低，其中稀释是水体物理自净过程的普遍现象，也是物理自净的主要过程。

②化学自净和物理化学自净。该过程指的是水体中污染物与环境要素、污染物之间等发生的化学和物理化学作用，如化学沉淀、化学氧化、吸附、凝聚、化学中和等，这些过程可使污染物浓度降低。

③生物自净。主要是指水体中存在的污染物质通过微生物的代谢活动而实现分解、氧化作用，将有害的污染物转化为无害的或者稳定的无机物质，从而使其浓度降低。

任何水体的物理、化学、物理化学、生物的自净作用都是同时存在的，并且相互影响。

从水体形成自净作用的场所上看，水体的自净作用又可分成以下几类：

①水与大气间的自净作用。这种作用的表现，如河水中的二氧化碳、硫化氢等气体的挥发释放和氧气溶入等。

②水的自净作用。污染物质在河水中稀释、扩散、氧化、还原，或由于水中微生物作用而使污染物质发生生物化学分解及放射性污染物质的蜕变等。

③水与底质间的自净作用。这种作用表现为河水中悬浮物质的沉淀，污染物质被河底淤泥（底泥）吸附等。

④水体底质中的自净作用。由于底质中微生物的作用使底质中的有机污染物质发生分解等。

（2）水体自净的特征

废水或污染物一旦进入水体后，就开始了自净过程。该过程由弱到强，直到趋于恒定，使水质逐渐恢复到正常水平。全过程的特征是：

①进入水体中的污染物在连续的自净过程中，总的趋势是浓度逐渐下降。

②大多数有毒污染物经各种物理、化学和生物作用，转变为低毒或无毒化合物。

③重金属一类污染物从溶解状态被吸附或转变为不溶性化合物，沉淀后进入底泥。

④复杂的有机物如碳水化合物、脂肪和蛋白质等，不论在溶解氧富裕条件下还是缺氧条件下都能被微生物利用和分解。其先降解为较简单的有机物，再进一步分解为二氧化碳和水。

⑤不稳定的污染物在自净过程中可转变为稳定的化合物，如氨转变为亚硝酸盐，再氧化为硝酸盐。

⑥在自净过程的初期，水中溶解氧的数量急剧下降，到达最低点后又缓慢上升，逐渐恢复到正常水平。

⑦进入水体的大量污染物如果是有毒的，则生物不能栖息，不逃避就要死亡，水中生物种类和个体数量就要随之大量减少。随着自净过程的进行，有毒物质浓度或数量下降，生物种类和个体数量也逐渐随之回升，最终趋于正常的生物分布。进入水体的大量污染物中如果含有机物过高，那么微生物就可以利用丰富的有机物为食料而迅速繁殖，溶解氧随之减少。随着自净过程的进行，纤毛虫之类的原生动物有条件取食于细菌，则细菌数量又随之减少；而纤毛虫又被轮虫、甲壳类吞食，使后者成为优势种群。有机物分解所生成的大量无机营养成分如氮、磷等使藻类生长旺盛，藻类旺盛又使鱼类、贝类动物随之繁殖起来。

二、水污染源

造成水体污染的原因是多方面的，其主要来源有以下几方面：①工业废水：工业废水是世界范围内污染的主要原因。工业生产过程的各个环节都可产生废水，影响较大的工业废水主要来自冶金、电镀、造纸、印染、制革等企业。②生活污水：是指人们日常生活的洗涤废水和粪尿污水等。来自医疗单位的污水是一类特殊的生活污水，主要危害是引起肠道传染病。③农业污水：主要含氮、磷、钾等化肥、农药、粪尿等有机物及人畜肠道病原体等。④其他废水：工业生产过程中产生的固体废弃物含有大量的易溶于水的无机和有机物，受雨水冲淋造成水体污染。降水时，雨和雪大面积地冲刷地面，将地面上的各种污物淋洗后进入水道或水体，造成河流、湖泊等水源的污染，另外一些大气污染物也会随着降水进入水体。

1. 工业废水

工业废水包括生产废水、生产污水及冷却水，是指工业生产过程中产生的废水和废液，其中含有随水流失的工业生产用料、中间产物、副产品及生产过程中产生的污染物。由于工业类型、所用原料、生产工艺以及用水水质和管理水平的差异，各种工业废水的成分和性质千差万别。

工业废水含有很多有毒有害物质，分为含酚废水、含汞废水、含油废水、重金属废水、含氰废水、造纸工业废水、印染废水、化学工业废水、冶金废水，酸碱废水等，造成的污染主要有：有机需氧物质污染、化学毒物污染、无机固体悬浮物污染、重金属污染、酸污染、碱污染、植物营养物质污染、热污染、病原体污染等。表 2－1 是某些工厂废水中的主要有害物质。

表 2－1　　　　　　　　　某些工厂废水中的主要有害物质

工厂类型	废水中的有害物质
焦化厂	酚类、苯类、硫化物、氰化物、焦油、吡啶、氨类等
钢铁厂	酚、氰化物、吡啶、酸等
化肥厂	酚类、苯类、氟化物、氰化物、铜、汞、碱、氨类等
油漆厂	酚、苯、甲醛、铅、锰、铬、钴等
电镀厂	氰化物、铬、锌、铜、镉、镍等
化工厂	酸、碱、氰化物、硫化物、汞、铅、砷、苯、萘、硝基化合物等
石油化工厂	油、酸、碱、氰化物、硫化物、酚、砷、吡啶等
合成橡胶厂	氯丁二烯、丁二烯、苯、二甲苯、苯乙烯等
纺织厂	硫化物、纤维素、洗涤剂等
皮革厂	硫化物、铬、碱、甲酸、醛、洗涤剂等
造纸厂	木质素、硫化物、碱、氰化物、汞、酚类等
化纤厂	胺类、酮类、丙烯腈、乙二醇等
农药厂	砷、磷、铅、酸、碱、苯、氯苯等
树脂厂	甲醛、苯乙烯、氯乙烯、汞等
有色冶金厂	氰化物、氟化物、铜、锌、镉、铅、锰、其他有色金属等

　　工业废水的水量取决于用水情况。冶金、造纸、石油化工、电力等工业用水量大，废水量也大，如有的炼钢厂炼 1t 钢出废水 200～250t。工厂的实际外排废水量还同水的循环使用率有关，例如循环率高的钢铁厂，炼 1t 钢外排废水量只有 2t 左右。2010 年《第一次全国污染源普查公报》显示，全国工业废水产生量 738.33 亿 t，排放量 236.73 亿 t。

　　工业废水对环境的破坏及对人类的影响是相当大的，20 世纪的"八大公害事件"中的"水俣事件"和"富山事件"就是由于工业废水污染造成的。工业废水具体的危害有：

　　①工业废水直接排入渠道、江河、湖泊、海洋等水体，如果毒性较大会导致水生动植物的死亡甚至绝迹。

　　②工业废水渗入土壤会造成土壤污染，影响农作物和土壤中微生物的生长。有毒有害物质会因动植物的摄食和吸收作用残留在其体内，而后通过食物链到达人体内，对人体造成危害。

　　③工业废水还可能渗透到地下水、污染地下水，如果周边居民采用被污染的地下水作为饮用水源，就会直接危害人体健康。

　　④有些工业废水还带有难闻的恶臭，污染周围空气。

2. 农业污水

农业污水是指农作物栽培、牲畜饲养、农产品加工等过程中排出的、影响人体健康和环境质量的污水或液态物质。

农业污水来源主要有农田径流、饲养场污水、农产品加工污水。农业污水中含有大量营养物质、各种病原体、悬浮物、化肥、农药、不溶解固体物和盐分等。

农田径流、养殖场和屠宰场等产生的污水中含有大量的氮、磷等营养元素，一旦进入河流、湖泊、内海等水域，可引起水体富营养化；污水中的农药、病原体和其他有毒物质能污染饮用水源，危害人体健康，尤其是里面大量的致病细菌、病毒和寄生虫卵，如果不妥善处理将造成很大危害；污水灌溉会造成大范围的土壤污染，破坏生态系统平衡。

3. 生活污水

生活污水是居民日常生活中排出的废水，主要来源于居住建筑和公共建筑，如住宅、机关、学校、医院、商店、公共场所及工业企业卫生间等。生活污水所含的污染物主要是有机物（如蛋白质、碳水化合物、脂肪、尿素、氨氮等）和大量病原微生物（如寄生虫卵和肠道传染病毒等）。存在于生活污水中的有机物极不稳定，容易腐化而产生恶臭。细菌和病原体以生活污水中有机物为营养而大量繁殖，可导致传染病蔓延流行。

生活污水的危害很多，主要有以下几种。

（1）病原物污染

主要来自城市生活污水、医院污水、垃圾及地面径流等方面。病原微生物的特点是：①数量大；②分布广；③存活时间较长；④繁殖速度快；⑤易产生抗性，很难消灭；⑥传统的二级生化污水处理及加氯消毒后，某些病原微生物、病毒仍能大量存活。此类污染物实际上通过多种途径进入人体并在人体内生存，引起人体疾病。

（2）需氧有机物污染

有机物的共同特点是这些物质直接进入水体后，通过微生物的生物化学作用可分解为简单的无机物质二氧化碳和水，在分解过程中需要消耗水中的溶解氧，在缺氧条件下污染物会发生腐败分解、恶化水质，这些有机物称为需氧有机物。生活污水中的需氧有机物越多，耗氧也就多，因此生活污水一旦排入天然水体将会使水质变差。

（3）富营养化污染

富营养化是一种氮、磷等植物营养物质含量过多所引起的水质污染现象。在自然条件下，随着河流夹带冲积物和水生生物残骸在湖底的不断沉降淤积，湖泊会从贫营养湖过渡为富营养湖，进而演变为沼泽和陆地，这本是一种极为缓慢的过程。但由于人类活动将大量污水以及农田径流中的植物营养物质排入湖泊、水库、河口、海湾等缓流水体后，水生生物特别是藻类将大量繁殖，使生物种群种类数量发生改变，因而破坏了水体的生态平衡。富营养化一般采用指标为：水体中氮的含量超过 0.2 ~ 0.33mg/kg，磷含量大于 0.01 ~ 0.02mg/kg。

市政污水的主要来源为生活污水，近年来我国生活污水排放量持续增加，图 2-5 为 2013—2022 年我国污水排放量趋势，生活污水中含有的大量氮、磷及富含氮、磷的有机物导致水体富营养化的形势日益严峻。

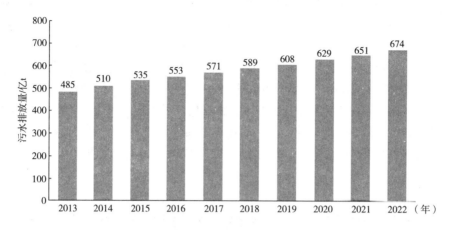

图 2-5 2013—2022 年我国生活污水排放量趋势

2010 年《第一次全国污染源普查公报》显示，当年我国生活污水排放量为 343.30 亿 t。

（4）恶臭污染

恶臭是一种普遍的污染危害，它发生于污染水体中。人能嗅到的恶臭多达 4000 多种，危害大的有几十种。恶臭的危害表现为：①妨碍正常呼吸功能，使消化功能减退，使精神烦躁不安，工作效率降低，判断力、记忆力降低；长期在恶臭环境中工作和生活会造成嗅觉障碍，损伤中枢神经、大脑皮层的兴奋和调节功能。②某些水产品染上恶臭后无法食用、出售。③恶臭水体不能游泳、养鱼、饮用，破坏了水的用途和价值。④恶臭还能产生硫化氢、甲醛等毒性危害气体。

（5）酸、碱、盐污染

酸、碱污染使水体 pH 发生变化，破坏其缓冲作用，消灭或抑制微生物的生长，妨碍水体自净，还可腐蚀桥梁、船舶、渔具。酸与碱往往同时进入同一水体，中和之后可产生某些盐类，从 pH 的角度看，酸、碱污染因中和作用而自净了，但产生的各种盐类又成了水体的新污染物。因为无机盐增加能提高水的渗透压，对淡水生物、植物生长产生不良影响，在盐碱化地区，地面水、地下水中的盐将进一步危害土壤质量。

（6）地下水硬度升高

高硬水尤其是永久硬度高的水，其危害表现为多方面：难喝；可引起消化道功能紊乱、腹泻、孕畜流产；对人们日用不便；耗能多；影响水壶、锅炉寿命；锅炉用水结垢易造成爆炸；需进行软化、纯化处理；酸、碱、盐流失到环境中又会造成地下水硬度升高，形成恶性循环。

（7）有毒物质污染

有毒物质污染是水污染中特别重要的一类，种类繁多，但共同的特点是对生物有机体的毒性危害。

三、水污染物

水体污染是指水体因接受过多的杂质而导致其物理、化学及生物学特性的改变，据此可以把主要污染物分成三类：物理性污染物、生物性污染物、化学性污染物。

1. 物理性污染物

主要污染物为悬浮物、放射性污染物、热污染。

（1）悬浮物

这是水体的主要污染物之一。水中的悬浮物属于无机污染物，是无毒害作用的，但是由于悬浮物在水体中能够直接看到，还能够使水浑浊，因此，悬浮物属于感官性污染指标。水体一旦被悬浮物污染，可能造成以下主要危害：降低光的透射力，减弱光合作用，影响水体自净；影响水生生物的生命活动，可能堵塞鱼鳃，导致鱼死亡；悬浮物表面积很大时，可作为其他污染物的载体，污染下游水体。

（2）放射性污染物

这是一种特殊的污染物质。主要来源有：核工业；放射性矿藏的开采、核试验、核电站；同位素在医学、工业、研究等领域的应用。例如铀矿的开采、提炼、纯化、浓缩过程中均会产生放射性废水。放射性污染物的主要危害有：致癌、致畸、致突变，其中对人体危害较大的放射性物质有^{90}Sr、^{137}Cs、^{131}I。

日本地震核泄漏事故：2011 年 3 月 11 日，日本福岛第一核电站 1 号反应堆在大地震中受损造成的核泄漏事件就属于放射性污染，主要的污染物为^{131}I。

（3）热污染

水体热污染的主要来源是工矿企业向水体排放的冷却水，特别是电力工业产生的冷却水。例如火力发电站需要大量冷却水，发电 1GW 需要水 $30\sim50m^3/s$，使用后水温升高 $6\sim8℃$。这种冷却水排入水体后会使水体温度随即升高，导致一系列的危害：有毒物质的溶解性提高，毒性加大（如当水温从 8℃升高到 18℃时，氰化钾对鱼类的毒性将提高 1 倍）；水温增高使微生物分解速度加快，耗氧量增大，水体中溶解氧下降；影响水生生物的生命活动，热污染可使一些藻类繁殖增快，加速水体富营养的过程。破坏水体的生态和影响水体的使用价值。

2. 生物性污染物

这种污染物主要是病毒和细菌，生活污水特别是医院污水和某些工业废水污染水体后，往往可带入一些病原微生物，某些原来存在于人畜肠道内的病原细菌如伤寒、霍乱、细菌性痢疾等都可以通过人畜粪便进入水体，随水体流动而进行传播。一些病毒如肝炎病毒、腺病毒等也常在污染水中发现。某些寄生虫病如阿米巴痢疾、血吸虫病、钩端螺旋体病等也可以通过水体进行传播。

生物性污染物主要是由医院污水、垃圾渗滤液、屠宰废水等排入水体引起的，严重危害人类健康。

3. 化学性污染物

化学性污染物种类很多，大致可以分成 4 类：无机无毒污染物、无机有毒污染物、有机无毒污染物、有机有毒污染物。所谓有毒、无毒是根据对人体健康是否直接造成毒害作用而分的。严格来说,污水中的污染物质没有绝对无毒害作用的,所谓无毒害作用是相对有条件的,如多数的污染物在其低浓度时对人体健康并没有毒害作用,而达到一定浓度后即能够呈现出毒害作用。

（1）无机无毒污染物

无机无毒污染物包括酸、碱、盐、氮、磷等。

①酸、碱、盐来源及危害：污染水体中的酸主要来自矿山排水及工业废水,如金属加工酸洗车间和雨水淋洗含二氧化硫较多的空气后形成的酸雨,这些含酸污水进入水体后将引起酸污染;水体中的碱主要来源于碱法造纸、化学纤维、制碱、制革、炼油、制碱等工业废水;水体中的盐来源广泛,其主要来自化工厂及石油和天然气的采集加工等。

酸、碱、盐污染给水体带来的危害有：酸碱污染水体,使水体的 pH 发生变化,破坏自然缓冲作用,消灭或抑制微生物生长,高浓度的盐类物质同样对微生物具有抑制作用,妨碍水体自净,使周围土壤酸化,出现盐碱地,也会危害渔业生产;酸、碱、盐的污染还会导致水体中的无机盐和硬度大大增加,提高水处理费用,同时由于硬度增加,锅炉能源消耗增大。水垢的传热系数是金属的 1/50,当水垢厚度达到 1～5mm 时,锅炉耗煤量将增加 2%～20%,因此在使用这些被酸、碱、盐污染的水体时,必须先进行软化。

②氮、磷等植物营养物：水体中植物营养物的来源主要来自于农田施肥、农业废弃物、城市生活污水和某些工业废水。生活污水中含有丰富的氮、磷,每人每天都会将一定数量的氮带到生活污水中,粪便是生活污水中氮的主要来源。由于人们广泛使用含磷洗涤剂,所以生活污水中也含有大量的磷。

水体中含有大量的氮、磷后,主要的危害是会引起水体富营养化。富营养化指的是引起水体透明度和溶解氧的变化,造成水质恶化,加速湖泊老化,从而导致湖泊生态系统和水功能的破坏。

富营养化会影响水体的水质,会造成水的透明度降低,使得阳光难以穿透水层,从而影响水中植物的光合作用,可能造成溶解氧的过饱和状态。溶解氧的过饱和以及水中溶解氧减少都对水生动物有害,会造成鱼类大量死亡。同时,因为水体富营养化,水体表面生长着以蓝藻、绿藻为优势种的大量水藻,形成一层"绿色浮渣",致使水体底层堆积的有机物质在厌氧条件分解产生的有害气体和一些浮游生物产生的生物毒素也会伤害鱼类。因富营养化水中含有硝酸盐和亚硝酸盐,人畜长期饮用这些物质含量超过一定标准的水,也会中毒致病。

在形成"绿色浮渣"后,水下的藻类会因得不到阳光照射、不能进行光合作用而呼吸水内氧气。水内氧气逐渐减少,水内生物也会因氧气不足而死亡。死去的藻类和生物又会在水内进行氧化作用,这时水体就会变得很臭,水资源也会被污染得不可再用。

（2）无机有毒污染物

无机有毒污染物包括氰化物、砷（As）、汞（Hg）、铬（Cr）、铅（Pb）、镉（Cd）等毒性物质。

氰化物：水体中氰化物主要来源于电镀废水、煤气洗涤冷却水、某些化工厂的含氰废水及金、银选矿废水等。氰化物是剧毒物质,会造成人体组织严重缺氧,人只要口服 0.3～0.5mg 就会致死,浓度达到 0.1mg/L 就能杀死虫类,0.3mg/L 能杀死水体赖以自净的微生物。我国生活饮用水卫生标准规定氰化物含量不得超过 0.05mg/L。

砷（As）：主要来自冶金、化工等工业生产排放的含砷废水，三价砷的毒性大大高于五价砷。对人体来说，亚砷酸盐的毒性作用比砷酸盐大 60 倍，当饮用水中的砷含量大于 0.05mg/L 时就会导致累积。砷还是致癌（主要是皮肤癌）元素。我国生活饮用水卫生标准规定，砷含量不得超过 0.01mg/L。

其他重金属毒性物质：化石燃料的燃烧、采矿和冶炼是向环境中释放重金属的最主要来源，比如电镀废水含镉，制革废水含铬。重金属的主要危害有：①微量浓度就可产生毒性效应，如汞、镉产生毒性的浓度范围在 0.001～0.01mg/L；②微生物不能降解重金属，相反有些重金属在微生物作用下会转化为金属有机化合物，产生更大的毒性。如汞在厌氧微生物作用下可转化为毒性更大的有机汞（甲基汞、二甲基汞），最典型的是日本的水俣病事件。氯乙烯和醋酸乙烯在制造过程中要使用含汞（Hg）的催化剂，这使排放的废水含有大量的汞。当汞在水中被水生物食用后会转化成甲基汞（CH_3HgCl），有数十万人食用了水俣湾中被甲基汞污染的鱼虾，从而导致汞中毒；③金属离子会因水体中酸碱条件改变产生转移、转化；④富集作用强；⑤重金属进入人体后能够和生理高分子物质如蛋白质和酶等发生强烈的相互作用，使它们失去活性，也可能累积在人体的某些器官中，造成慢性累积性中毒，最终造成危害。

（3）有机无毒污染物

这一类物质多属于碳水化合物、蛋白质、脂肪等自然生成的有机物，它们易于生物降解，能向稳定的无机物转化。这些污染物通过生物降解可以被去除，且降解过程快，产物一般为二氧化碳和水等稳定物质。有机无毒污染物主要来自于生活污水、禽畜废水及屠宰、肉类加工、食品加工废水等工业废水。

有机无毒污染物的危害主要在于对水生生物的破坏。水中含有充足的溶解氧是保证鱼类生长、繁殖的必要条件之一，只有极少数鱼类（如泥鳅）在必要时可利用空气中的氧气，绝大部分鱼类只能用鳃以水中的溶解氧进行呼吸、维持生命活动。一旦这些污染物进入水体并在水中微生物的作用下进行分解，就会消耗水中大量溶解氧，从而引起鱼类大量死亡。某些鱼类如鳟鱼对溶解氧的要求特别严格，必须达到 8～12mg/L，当溶解氧下降时，鳟鱼就不能进行正常呼吸，从而面临死亡的危险。当溶解氧降到 1mg/L 以下时，大部分鱼类都会窒息死亡。当水中溶解氧消失时，由于厌氧菌的作用会放出大量有毒气体如硫化氢，更不适合鱼类的生存。

（4）有机有毒污染物

多属于人工合成的有机物质，如有机农药（阿特拉津、异丙隆等）、芳香族化合物（醛、酚、多氯联苯等）、染料、高分子聚合物等，它们的特点是化学性质稳定、难氧化、难生物降解、毒性较大。

所有的有机有毒污染物对人类身体健康都会产生影响，只是危害程度和作用方式不同，如多氯联苯就是较强的致癌物质。

2013 年河北沧县张官屯乡小朱庄的地下水变成了红色，近 800 只鸡喝后死亡。村民连 400m 深的井水也不敢喝，因为井水也是粉红色的，做饭只能用纯净水。村里陆续有 30 人患上癌症，其中 24 人死亡。经过检测，地下水里含有 0.0096mg/L 的挥发性酚、

0.014mg/L 的硝基苯和 3.15mg/L 的苯胺，这些都是有毒的有机化学物质，主要是生产染料中间体的化工厂向地下水排污所致。

（5）石油类污染物

近年来，石油污染事故特别是海洋石油污染事故频频发生，向海水中排放了大量石油废水。同时，在石油开采、储存、炼制、运输等过程中会产生大量含油废水，对海洋等水体构成了严重危害。全球石油最终储量约 2954 亿 t，其中约有 1/3 在海底。世界上有 70 多个国家在海上进行石油勘探，其中约 23 个国家开采海上油田。海上的钻井、试油、井喷、事故性漏油都会造成污染。目前海洋石油污染最多的来源是油船海难事件。船舶主要是油轮在航行途中因触礁、碰撞、搁浅和失火等意外情况而遇难，所载石油全部或部分流入海洋。在一般情况下，一旦油船沉入海中，油舱或油槽里的油料便会通过甲板上的漏洞或裂缝源源不断地流出。据统计，每年通过各种渠道泄入海洋的石油和石油产品约占全世界石油总产量的 0.5%，倾注到海洋中的石油量达 2～10Mt，由于航运而排入海洋的石油污染物达 1.6～2Mt，其中 1/3 左右是油轮在海上发生事故导致石油泄漏造成的。

海洋石油污染不仅影响海洋生物的生长、降低海滨环境的使用价值、破坏海岸设施，还可能影响局部地区的水文气象条件和降低海洋的自净能力。据实测，每滴石油在水面上能够形成 $0.25m^2$ 的油膜，每吨石油可能覆盖 $5 \times 10^6 m^2$ 的水面。油膜使大气与水面隔绝，减少进入海水的氧的数量，从而降低海洋的自净能力。油膜覆盖海面还会阻碍海水的蒸发，影响大气和海洋的热交换，改变海面的反射率，减少进入海洋表层的日光辐射，因而可能对局部地区的水文气象条件产生一定的影响。海洋石油污染的最大危害是对海洋生物的影响，油膜和油块能粘住大量鱼卵和幼鱼，使鱼卵死亡、幼鱼畸形，还会使鱼虾产生石油臭味。

第三节　水质和水质指标

水与其中所含杂质共同表现出来的物理学、化学和生物学的综合特性称为水质，具体衡量水中杂质的尺度称为水质指标，它是判断水质是否符合要求的具体衡量标准。

水质指标项目繁多，总数可达上百种，可分为物理性水质指标、化学性水质指标、生物学水质指标 3 类。

1. 物理性水质指标

物理性水质指标包括温度、色度、浊度、透明度、总固体、悬浮固体、溶解固体等。

（1）温度

许多工业废水都有较高的温度，排放这些废水使水温升高，引起水体的热污染。水温升高会影响水生生物的生存和对水资源的利用。氧气在水中的溶解度随水温升高而减少，一方面水中溶解氧减少，另一方面水温升高加速耗氧反应，最终导致水体缺氧或水质恶化。地表水的温度受季节、气候影响较大，一般为 0.1～30℃；地下水的温度则比较恒定，一般为 8～12℃；工业废水的温度与生产过程有关。

（2）色度

色度是一项感官性指标。一般纯净的天然水是清澈透明的，即无色的。水体的颜色分为真色和表色。真色是指水中所含有的溶解物质和胶体物质所呈现出来的颜色，即除去悬浮物物质后水体呈现的颜色。表色是指由溶解物质、胶体物质和悬浮物质共同引起的颜色。

天然水体色度通常用真色表示，如果天然水体浑浊，应澄清或过滤除去悬浮物质之后用铂钴标准比色法进行测定。1L 水中含有 1mg 铂和 0.5mg 钴，所呈现的颜色为 1 个真色单位（TCU，True Color Unit），即 1 度。

带有金属化合物或有机化合物等有色污染物的工业废水会呈现出各种颜色。工业废水色度的测定是将有色废水用蒸馏水稀释后与参比水样对比，一直稀释到与参比水样色差一样，此时污水的稀释倍数即为其色度，单位为倍。

水的色度是评价感官质量的一个重要指标，通常水体有异常颜色也是受到污染的标志之一。

（3）浊度

天然水中由于含有各种颗粒大小不等的不溶解物如泥沙、纤维、有机物、浮游生物等而呈现浑浊现象。水体浑浊的程度可用浊度的大小来表示。所谓浊度是指水中的不溶物质对光线透过时所产生的阻碍程度。浊度是一种光学效应，是光线透过水层时受到阻碍的程度，表示水层对光线散射和吸收的能力。浑浊度不仅与悬浮物的含量有关，还与水中杂质的成分、颗粒大小、形状及其表面的反射性有关。

在最早的水质分析中，1L 水中含有 1g SiO_2 所构成的浊度为一个标准浊度单位，用 JTU（Jackson Turbidity Unit）来表示。

近年来，光电浊度计得到了广泛应用，它是依照光线的散射原理制成的。这种散射浊度计上测得的浊度称为散射浊度单位（NTU，Nephelometric Turbidity Unit）。

浊度是天然水体和饮用水的一项重要指标，也是水体可能受到污染的重要标志。

（4）透明度

洁净的天然水体是透明的，水中如果存在悬浮物质、有色物质、藻类等都会使水体透明度下降。

以湖泊为例，湖泊透明度的地理分布一般是：山区湖泊大于平原湖泊；大湖、深湖大于小湖、浅湖。同一湖泊中，湖心透明度大、边缘透明度小；湖湾处透明度大，进、出湖口处小。世界上透明度最大的湖泊是日本的摩周湖（透明度 41.6m），其次为苏联的贝加尔湖（透明度 40.2m）。中国水体透明度最大的湖泊是西藏的玛法木错湖（透明度 14m）。

（5）固体

在环境工程领域，水中的固体是指在一定的温度下将一定体积的水样蒸发烘干时所残余的固体物质的总量。将水样置于容器中蒸发至近干，再放在烘箱中在一定温度下（103～105℃）烘干至恒重，如此所得的固体称为"总固体"，单位为 mg/L。

根据溶解性的不同，水中的固体可分为溶解固体和悬浮固体。一般将能通过 0.45μm 滤膜或石棉古氏坩埚的那部分固体称作溶解固体，将不能通过的称作悬浮固体，单位均为 mg/L。

根据挥发性的不同，水中总固体又可分为挥发性固体和固定性固体。挥发性固体是指在一定温度下（通常为600℃）总固体灼烧一段时间后所损失的那部分物质的质量，又称灼烧减重；灼烧后所留存的那部分物质的重量则称作固定性固体。固定性固体可以大约代表水中无机物质的含量，挥发性固体可以大约代表水中有机物质的含量。因为在600℃下有机物全部被分解成CO_2和H_2O而挥发，而无机盐类除了铵盐和碳酸镁，在此温度下都相当稳定。

2. 化学性水质指标

水质的化学性指标有很多分类，如一般化学性指标：电导率、pH、硬度、酸碱度等；有毒化学性指标：有毒金属、农药、氰化物、多环芳烃等；氧平衡指标：溶解氧（DO）、化学需氧量（COD）、生化需氧量（BOD）、总需氧量（TOD）等；营养元素指标：氨氮、硝态氮、亚硝态氮、有机氮、总氮、可溶性磷酸盐、总磷、硅等。

化学性水质指标种类繁多，下面选择几种常用的进行介绍。

（1）pH

pH是最常用的水质指标之一。一般天然水体的pH范围在6.0~8.5，饮用水的pH在6.5~8.5，工业用水的pH需保持在7.0~8.5，以防止金属设备和管道的腐蚀。海水由于弱酸性阴离子的水解作用呈弱碱性，一般在8.0~8.5，表层海水通常稳定在8.1±0.2，中、深层海水一般在7.5~7.8变动。海水pH因季节和区域的不同而不同：夏季时，由于增温和强烈的光合作用，使上层海水中二氧化碳含量和氢离子浓度下降，于是pH上升，即碱性增强；冬季时则相反，pH下降。

pH的测定可用试纸法、比色法、电位法（或玻璃电极法）。试纸法虽简单，但误差较大；比色法用不同的显色剂进行，比较不方便；电位法使用一般酸度计，特别适合测定浑浊、有色废水的pH。

（2）硬度

水的总硬度指水中钙、镁离子的总浓度，其中包括碳酸盐硬度和非碳酸盐硬度。①碳酸盐硬度：主要是由钙、镁的碳酸氢盐$Ca(HCO_3)_2$、$Mg(HCO_3)_2$所形成的硬度，还有少量的碳酸盐硬度。碳酸氢盐硬度经加热之后可以分解成碳酸盐形式的沉淀物并从水中除去，故也称为暂时硬度。②非碳酸盐硬度：主要是由钙、镁的硫酸盐、氯化物和硝酸盐等盐类所形成的硬度。这类硬度不能用加热分解的方法除去，故也称为永久硬度，如$CaSO_4$、$MgSO_4$、$CaCl_2$、$MgCl_2$、$Ca(NO_3)_2$、$Mg(NO_3)_2$等。

硬度的表示方法目前尚未统一，我国使用较多的表示方法有两种：一种是将所测得的钙、镁折算成CaO的质量，即用每升水中含有CaO的毫克数表示，单位为mg/L；另一种以度（°）计：1硬度单位表示10万份水中含1份CaO（即每升水中含10mgCaO），1°=10mg CaO/L，这种硬度的表示方法称作"德国度"，是我国目前普遍使用的一种水的硬度表示方法。

（3）溶解氧

溶解在水中的空气中的分子态氧称为溶解氧，水中溶解氧的含量与空气中氧的分压、水的温度有着密切关系。在自然情况下，空气中的含氧量变动不大，故水温是主要的因素，水温越低，水中溶解氧的含量越高。溶解氧通常记作DO（Dissolved Oxygen），用每升水里氧气的毫克数表示。水中溶解氧的多少是衡量水体自净能力的一个指标。

在20℃、100kPa下，纯水里大约有9mg/L溶解氧。有些有机化合物在好氧菌作用下发生生物降解，要消耗水里的溶解氧。如果有机物以碳来计算，根据$C + O_2 = CO_2$可知，每12g碳要消耗32g氧气。当水中的溶解氧值降到5mg/L时，一些鱼类的呼吸就会发生困难。

溶解氧通常有两个来源：一个来源是水中溶解氧未饱和时，大气中的氧气向水体渗入；另一个来源是水中植物通过光合作用释放出的氧。因此水中的溶解氧会由于空气里氧气的融入及绿色水生植物的光合作用而得到不断补充。但当水体受到有机物污染、耗氧严重、溶解氧得不到及时补充时，水体中的厌氧菌就会很快繁殖，有机物因腐败而使水体变黑、发臭。

溶解氧值是研究水自净能力的一种依据。水里的溶解氧被消耗后要恢复到初始状态，如果所需时间短，说明该水体的自净能力强，或者说水体污染不严重。否则说明水体污染严重、自净能力弱，甚至失去自净能力。

水中溶解氧的测定使用碘量法或者修正的碘量法。

（4）生化需氧量

水中有机物质在有氧的条件下，由于微生物作用进行氧化分解所消耗氧的量，即为生化需氧量（BOD，Biochemical Oxygen Demand），单位为mg/L。在20℃时，一般的有机物质需要20天左右基本完成氧化分解过程，全部完成要100天，但全部完成对实际操作而言就失去了意义，因此目前规定在20℃时培养5天作为测定生化需氧量的标准，即BOD_5。在20℃的培养箱中培养5天测定生化需氧量，反映的是可被生物降解的那部分有机物的含量。

（5）化学需氧量

在一定的条件下，采用强氧化剂（如高锰酸钾、重铬酸钾）氧化水中需氧污染物质时所消耗的氧气量，即为化学需氧量，常以符号COD（Chemical Oxygen Demand）表示，计量单位为mg/L。化学需氧量是评定水质污染程度的重要综合指标之一。

COD的数值越大，则水体污染越严重。一般洁净饮用水的COD值为每升几至十几毫克。COD测定较易且快。化学需氧量COD往往大于生化需氧量。

2010年《第一次全国污染源普查公报》显示，我国工业废水中有化学需氧量达3145.35万t。化学需氧量排放量居前几位的行业有：造纸及纸制品业176.91万t，纺织业129.60万t，农副食品加工业1.17×10^6 t，化学原料及化学制品制造业60.21万t，饮料制造业51.65万t，食品制造业22.54万t，医药制造业21.93万t。上述7个行业的化学需氧量排放量合计占工业废水厂区排放口化学需氧量排放量的81.1%。

3. 水的生物性水质指标

这一水质指标包括细菌总数、总大肠菌群数、各种病原细菌、病毒等。

水受到人畜粪便、生活污水、医院废水等污染时，水中的细菌含量会大增。通常用显微镜检测水中细菌总数和大肠杆菌群数。

水质标准是国家、部门或地区规定的各种用水或排放水在物理、化学、生物学性质方面所应达到的要求，是水质指标的量化，它是具有法律效力的强制性法令，是判断水质是否适用的尺度。对于不同用途的水质,水质标准有不同的要求,目前中国已制定、颁布了一系列水质标准,如《生活饮用水卫生标准》《工业企业设计卫生标准》《农田灌溉水质标准》《渔业水质标准》《海水水质标准》《地表水环境质量标准》《污水综合排放标准》等,使水质管理有了法律依据。

第四节 污水处理技术

一、污水处理的原则

污水处理的根本原则遵循"防、治、管"三者相结合的原则。

1. 防

这里的"防"指的是对污染源的控制,即通过有效控制使污染源排放的污染物减到最小量。

生产企业要做到预防,应从清洁生产的角度出发,改革生产工艺和设备,减少污染物的排放量,实现物质循环再利用以减少污染物的产生。清洁生产是指资源能源利用量最小、污染排放量也最少的先进的生产工艺。清洁生产采用的主要技术路线有:改革原料选择及产品设计,以无毒无害的原料和产品代替有毒有害的原料和产品;改革生产工艺,减少对原料、水及能源的消耗;采用循环用水系统,减少废水排放量;回收利用废水中的有用成分,使废水浓度降低等。清洁生产提倡对产品进行生命周期的分析及管理,而不是只强调末端处理。

制革生产环节有道铬鞣工序,它是把裸皮变成革的质变过程,在这个工序中可以采用少铬结合鞣法,它可以将铬盐与各种金属结合鞣,也可以将铬盐与树脂结合鞣,从工艺上减少铬的用量从而减少铬对环境的污染,产生的废铬液进行回收再利用,实现清洁生产,如图2-6所示。

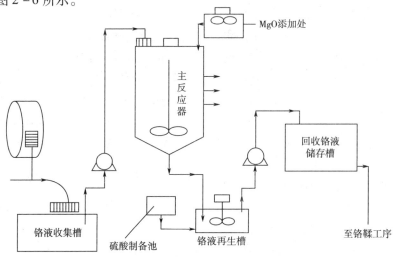

图2-6 制革生产的铬回收循环利用工艺

含铬废液通过格栅过滤滤去残渣，输送到集液槽内，再用泵抽入主反应器，使铬离子与碱（MgO）反应生成氢氧化铬沉淀，上清液回用于浸水/浸酸工序时，将沉淀物铬泥浆放入铬再生槽，加入硫酸生成铬盐，回至铬鞣工序时，其比例为新鲜铬盐70%，回收铬盐30%，如此使铬盐实现物质的循环利用，减少了重金属铬的排放量，这种能够预防含铬废水排放的工艺就是清洁生产工艺。

对生活污染源，可以通过有效措施减少其排放量。例如控制厨房、洗涤房、浴室和厕所排出的污水和生活各种垃圾的排放（特别是垃圾填埋场要远离水源地），推广使用节水用具，提高民众节水意识，降低用水量，从而减少生活污水排放量。

对农业污染源，为了有效地控制面污染源，更必须从"防"做起。在农业上，面污染源指的是在农业生产中主要是在种植、养殖过程中，使用的化肥、农药、激素、秸秆、尸体、粪尿以及病虫菌等分散污染源会引起对水层、湖泊、河岸、海岸等生态系统的污染。在水体污染中，60%～80%的河流和湖泊富营养问题是由农业面源污染造成的。因此，提倡农田的科学施肥和农药的合理使用、种植和养殖废物的正确处理等，能够大大减少各类面污染源，进而减少农田径流中含氮、磷和农药的量。

我国的发展不能再走"先污染，再治理"的道路了，应该把清洁生产预防污染这项措施放在首位。

2. 治

通过各种措施治理污染源以及已被污染的水体，使污染源实现"达标排放"，令水体环境达到相应的水质功能。

污染源要实现"零排放"是很困难的，或者几乎是不可能的，因此，应十分注意工业废水处理与城市污水处理的关系，必须对污（废）水进行妥善的处理，确保在排入水体前达到国家或地方规定的排放标准。含有酸碱、有毒有害物质、重金属或其他特殊污染物的工业污水，一般应在厂内就地进行局部处理，使其能满足排放至水体的标准或排放至城市下水道的水质标准。那些在性质上与城市生活污水相近的工业污水则可优先考虑排入城市下水道与城市污水共同处理，单独对其设置污水处理设施不仅没有必要，而且不经济。城市污水收集系统和处理厂的设计不仅应考虑水污染防治的需要，同时应考虑到缓解水资源矛盾的需要。在水资源紧缺的地区，处理后的城市污水可以回用于农业、工业或市政，成为稳定的水资源。为了适应废水回用的需要，其收集系统和处理厂不宜过分集中，而应与回用目标相接近。

另外，对于已经遭受污染的水体，应根据水体污染的特点积极采取物理、化学、生物工程等手段进行污染治理，使恶化的水生态系统逐步得到修复。

3. 管

在预防过程和治理过程中要同时加大管理力度，通过严格的环保法规进行监督管理，对于偷排的企业追究责任。

加强对污染源、水体及水处理设施的监控管理，以管促治。"管"在水污染防治中也占据十分重要的地位。科学的管理包括对污染源、水体处理设施以及污水处理厂进行经常监测和检查，对水体环境质量进行定期的监测，为环境管理提供依据和信息。

以工业废水为例，结合"防""治""管"，应考虑以下方面：

（1）改进生产工艺，大力推广清洁生产

通过改进生产工艺，可以减少废水的排放，而且使用清洁原料后产生的废水的危害性也大大降低。例如，采用无水印染工艺可以减少印染废水的排放；采用无氰电镀可使水中不再含有氰等；采用酶法制革以代替灰碱法，不仅能避免产生危害大的碱性废水，而且产生的废水稍加治理即可作为农田灌溉废水。

（2）重复利用废水

废水经过处理后不但可以减少对环境的污染，而且能够重复使用，减少水资源的浪费，同时减少新鲜用水量。例如，高炉煤气洗涤废水经过沉淀、冷却后可不断重复利用，只需补充少量水以补偿损失的循环水；城市生活污水经过污水处理厂处理完成后，再经过进一步处理达到某些工业用水或再生水要求后，可用于冲厕、洗车、绿化、景观用水等生活杂用水。

（3）回收有用物质

工业废水中的污染物质都是从生产过程进入水中的原料、半成品、成品、能源等。如果能够回收，便可以变废为宝、化害为利，既减轻对环境的污染，又能创造财富。例如，从造纸厂产生的造纸废液中可以回收碱、木质素，从含酚废水中用蒸汽吹脱法可以回收酚，从染料中间体废水中可以萃取回收有用物质等。这些过程可促进工厂之间的合作，把一个工厂产生的废物变成另一个工厂的原料，实现循环经济，不但回收了有用物质，节约了成本，还减少了环境污染。

"防""治""管"三者相结合，能够保证污水达标排放，保护环境、节约资源，减少污染物对环境、人体的危害。

二、污水处理技术

污水的处理方法分为四类：物理方法、化学方法、生物方法、物理化学方法。

1. 物理处理技术

对污水的物理处理技术就是通过物理作用分离回收不溶解的悬浮状态的污染物质。格栅、筛网、过滤、沉淀、气浮、离心分离等都是物理处理技术，常用的物理处理构筑物包括格栅、沉砂池、沉淀池、过滤池、气浮池等。

格栅可以通过一定间隙的平行栅条将粗大的悬浮物拦截，通过机械耙清渣将其去除。它往往放在污水处理的第一道工序，用以减少后续构筑物的负荷和干扰等。根据栅条间距的大小不同，格栅可以分为粗格栅、中格栅、细格栅。

沉砂池和沉淀池是通过重力作用将密度大于水的颗粒物、悬浮物如砂砾及细小的无机悬浮物去除，以减小它们对后续设备的磨损。

石英砂过滤器是一种压力式过滤器，它是利用过滤器内所填充的精制石英砂滤料，当进水自上而下流经滤层时，水中的悬浮物及黏胶质颗粒被去除，从而使水的浊度降低。

气浮池在加压情况下可使空气强制溶于水中，增加废水中氧气的溶解量，然后通过常压减压使溶解的气体从水中释放出来并以微气泡形式黏附絮粒，一起上浮，这样可以将非常细小的悬浮物去除。

以上构筑物都是靠物理作用将不溶解的悬浮物从废水中去除，因此属于物理处理技术。

2. 化学处理技术

对污水的化学处理技术就是采用化学药剂和化学材料处理污水中溶解性物质或胶体物质，通过化学反应使污染物质与水分离或改变污染物的性质，以除去水中杂质。

（1）混凝处理技术（混凝法）

混凝法是指在混凝剂的作用下，将废水中的胶体和细小悬浮物凝聚为絮凝体然后予以分离除去的水处理方法。混凝法的主要对象主要是污水中的细小悬浮颗粒和胶体微粒。水中分散的颗粒粒径在 $10^{-9} \sim 10^{-7}$ m 即 $1 \sim 100$ nm 或粒径在 $10^{-7} \sim 10^{-4}$ m 即 100nm 至 100μm 的细小悬浮物，采用沉淀法无法去除，但加入混凝剂后便可以将它们去除。

常见的混凝剂分为无机混凝剂和有机混凝剂两大类，无机混凝剂主要是铝盐和铁盐，有机混凝剂主要是人工合成的高分子絮凝剂和天然高分子物质，其中聚合氯化铝 PAC 和聚丙烯酰胺 PAM 复配用的比较多。

（2）氧化还原处理技术（氧化还原法）

氧化还原法是指使药剂与污染物发生氧化还原反应，把废水中有毒害的污染物转化为无毒或微毒物质的处理方法。废水中含有一些有毒有害的溶解性物质，如剧毒的氰化物、六价铬等，可以加入一定药剂使这些污染物质与之发生氧化还原反应从而改变其毒性。下面通过几个实例了解一下氧化还原处理技术。

［例2-1］氯氧化法去除废水中的氰化物。氯系氧化剂包括氯气、次氯酸钠，次氯酸钙和二氧化氯，这些氧化剂具有脱色、脱臭、杀菌等功能。在 pH 大于 8.5 的碱性条件下用氯气氧化氰化物，可将氰化物氧化成无毒物质。其主要氧化过程为：①将氰离子氧化成氰酸根，氰酸根毒性小，仅为氰离子的1‰；②将氰酸根氧化成氮气，进而将有毒物质转变成无毒物质。化学反应如下：

$$CN^- + 2OH^- + Cl_2 =\!=\!= CNO^- + 2Cl^- + H_2O$$
$$2CNO^- + 4OH^- + 3Cl_2 =\!=\!= 6Cl^- + N_2 + 2H_2O + 2CO_2$$

［例2-2］药剂还原法处理含铬废水。六价铬是致癌物质，毒性很大，可以通过还原法将六价铬转化为三价铬，可大大减小铬的毒性。还原过程是：①在酸性条件下，向含铬废水中投加亚硫酸氢钠，将六价铬还原为三价铬；②投加石灰或氢氧化钠，生成氢氧化铬沉淀；③将沉淀物从废水中分离出来，达到处理的目的。化学反应如下：

$$2H_2Cr_2O_7 + 6NaHSO_3 + 3H_2SO_4 =\!=\!= 2Cr_2(SO_4)_3 + 3Na_2SO_4 + 8H_2O$$
$$Cr_2(SO_4)_3 + 3Ca(OH)_2 =\!=\!= 2Cr(OH)_3\downarrow + 3CaSO_4$$
$$Cr_2(SO_4)_3 + 6NaOH =\!=\!= 2Cr(OH)_3\downarrow + 3Na_2SO_4$$

［例2-3］某炼油厂废水经前期物理及生物处理后，采用 O_3 进行深度处理，O_3 投加量为 50mg/L，接触反应时间为 10min，处理效果还是非常显著的（见表2-2）。

表2-2　　　　　　　　　　含油废水臭氧处理前后对比

污染物	酚/（mg/L）	油/（mg/L）	硫化物/（mg/L）	色度/倍
臭氧处理前	0.1～0.3	5～10	0.05	8～12
臭氧处理后	≤0.01	≤0.3	≤0.02	2～4

通过上面的三个实例分析，可以看出氧化还原这种化学处理技术在工业废水的治理上应用是非常广泛的。当废水中这些有毒有害的污染物质通过氧化还原法去除后再排入水体，水的社会循环就是良性循环，避免了污染物对人们的健康造成危害。

3. 污水生物处理技术（废水生化法）

污水生物处理技术主要是利用微生物的代谢作用除去废水中有机污染物的一种方法，亦称废水生物化学处理法（简称废水生化法），分为好氧生物处理技术和厌氧生物处理技术两种。

好氧生物处理技术包括悬浮生长系统和附着生长系统。污水处理厂用到的悬浮生长系统主要是活性污泥法，用到的附着生长系统主要为生物膜法。其中活性污泥法是向生活污水中不断地注入空气，维持水中有足够的溶解氧，经过一段时间后，污水中即生成一种絮凝体。这种絮凝体是由大量繁殖的微生物构成的，易于沉淀分离，能使污水澄清，也就是活性污泥。活性污泥在氧气的作用下分解污水中的有机物，达到净化水质的目的。生物膜法是指好氧微生物、原生动物和后生动物等附着在某些填料上进行繁殖，形成生物膜，污水与生物膜接触后，水中的有机污染物作为营养物被膜中的微生物摄取并分解，从而实现污水净化。

厌氧生物处理技术是在无氧的条件下，利用兼性菌和厌氧菌分解有机物的一种生物处理技术。有机物在无氧状态下被厌氧微生物分解，产生以甲烷为主体的可燃性气体，这些可燃气体可以作为能源进行利用；同时，处理过程中产生的剩余污泥较少且容易浓缩脱水，可作为肥料使用，运转时费用较低。但相对于好氧技术，厌氧技术处理的效果较差，需要保温和防腐设计，增加沼气回收装置。

4. 污水的综合治理技术

以上介绍的各种处理方法都有它们各自的特点和适用条件，在生活污水和工业废水的处理中往往需要组合使用各种方法，不能预期只用一种方法就把所有种类的污染物质都去除干净。这种由若干种处理方法合理组配而成的废水处理系统常称为废水处理流程。

对于某一种废水来说，究竟采用哪些处理方法和怎样的处理流程需根据废水的水质和水量、回收价值、排放标准、处理方法的特点以及经济条件等，通过调查研究、分析和做出经济比较后才能确定，必要时还要进行试验研究。

下面通过两个实例了解一下多种处理技术相结合的过程。

（1）生活污水

图 2-7 是生活污水处理工艺流程图，生活污水主要由日常生活中产生的厨房用水、洗澡水、冲厕水等构成。

这些生活污水通过地下管网流到污水处理厂后，首先进入格栅，目的是截留粗大物质，减小对后续设备的负荷；然后进入沉砂池，目的是去除污水中的砂粒、砾石等无机颗粒物，减少对设备的磨损；然后污水进入初沉池，其作用是去除污水中的悬浮固体，同时也会去除少量的生化需氧量 BOD_5。污水通过格栅、沉砂池、初沉池使废水中大量的固体颗粒得以去除，这些过程属于物理过程和物理处理技术，又称为污水的一级处理。

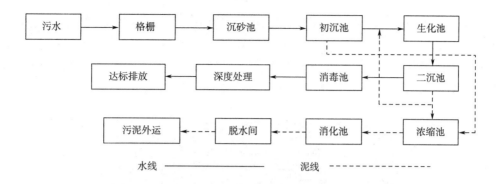

图 2-7 生活污水处理工艺流程图

初沉池排放的污水进入到生化池进行生物处理。生化池是由微生物组成的活性污泥与污水中的有机污染物质充分混合接触的反应场所。这一过程利用微生物的新陈代谢作用将污水中的有机物氧化分解成二氧化碳和水，使污水中的生化需氧量 BOD_5 得到有效去除。在生物池中发生的反应是生物化学反应，因此属于生物处理技术，又称为污水的二级处理。

生化池排放的污水是污泥和水的混合物，要通过二沉池进行泥水分离，其中的污泥一部分要回流到生化池为其提供充足的微生物，其余的污泥作为剩余污泥排放，这些污泥的水分含量一般高达 99% 以上，是非常高的。初沉池沉淀的污泥与二沉泥的剩余污泥进入浓缩池，目的是用来分离污泥中的空隙水，使污泥减量化。减量后的污泥进入到污泥消化池发生厌氧硝化反应，利用兼性菌和厌氧菌进一步分解污泥中的有机物，同时产生沼气，消化后的污泥更利于脱水。通过污泥脱水，污泥的含水率可降至 70%~80%，成为泥饼以方便利用和运输。从二沉池排出的污水再进入消毒池进行消毒，目的是杀灭病毒、病虫卵等有害微生物，消毒后仍不能达标排放的进行深度处理使污水达标排放。如果废水中含磷量高，生化法无法达标排放，可以在沉淀池中加入一定量的絮凝剂进行化学反应，将水中的磷去除，例如加入聚合氯化铝可以形成磷酸铝沉淀，进而实现除磷的目的。在这个过程中发生了化学反应，因此属于化学处理技术。

在图 2-7 中，格栅、沉砂池、沉淀池、浓缩池、脱水间这些环节都是靠物理作用将污染物去除，属于物理处理技术；加氯消毒是化学处理方法；生化池、消化池属于生物化学处理技术。可见，水中的污染物质是多种多样的，往往不可能用一种处理方法就把所有的污染物质去除干净，一般要通过几种方法联合处理后才能够达到排放要求。采用哪几种方法联合处理，需要具体问题具体分析，比如在此基础上污水要达到中水回用的要求，就会在这个工艺流程的基础上加一个双膜技术，用超滤膜和反渗透膜使二沉池出水达到回用要求，这又要用到物理化学技术。

（2）黑臭水体

随着工业的快速发展，水污染现象越来越严重，原来还能看见的小清河也早就变成了臭水沟。2015 年 4 月，国务院印发的《水污染防治行动计划》中明确规定：到 2020 年城市黑臭水体小于 10%，到 2030 年基本消失。

针对日益严重的黑臭水体现象，有没有污水处理技术可以将臭水沟变回曾经清澈的河水呢？

中国科技开发院江苏分院的科研人员通过多年努力，成功研发出"石墨烯光催化网"（图2-8），这种网只要往黑臭水里一铺，就能净化水体，让脏水变干净。

图2-8　石墨烯光催化网

石墨烯光催化网的基材就是一张普通的聚丙烯编织网，它能净化水体的原因在于网上附着了石墨烯材料、光敏材料、量子材料等，借助石墨烯的导电性能，这张网可以将太阳能转化为电能、利用电能分解水制氧气、增加水体中的溶解氧（这个过程属于光催化过程即化学处理技术），技术人员通过对水体的测定，证实了石墨烯光催化网增加了水体的溶解氧。在充足氧气的条件下，水中好氧微生物逐渐繁殖和生长，水中过剩的污染物质就会被这些微生物"吃掉"，利用好氧微生物的作用将污染物质氧化成水和二氧化碳（即污水生物处理技术），差不多一周左右的时间，黑臭水体就会逐渐变得清澈。

石墨烯光催化技术的最大创新点是：好氧微生物需要的氧气是通过石墨烯光催化网的光催化作用将太阳能转变成电能，进而分解水产生的，充分利用了太阳能。该技术是污水的化学处理方法和生物处理方法的集成。由此可以看出，对于复杂的污染水体，靠单一处理方法很难将污染物质有效去除，往往是几种处理方法的集成。

三、污水处理工艺流程选择

污水处理厂的工艺选择应根据原水水质、处理程度、处理规模、施工难度、地质条件、建设和运行费用等因素做慎重考虑。污水处理的每项工艺技术都有其优点、特点、适用条件和不足之处，不可能以一种工艺代替其他一切工艺，也不宜脱离当地的具体条件和我国国情。同样的工艺在不同的进水和出水条件下要取用不同的设计参数，设备的选型也不是一成不变的。

因此，污水处理工艺流程的选择是一个非常复杂的过程，具体来说，需要考虑以下多种因素。

1. 水质

生活污水水质通常比较稳定，一般的处理方法包括沉淀、好氧生物处理、消毒等。而工业废水情况特殊，不同行业的工业废水水质相差很大，应根据具体的水质情况进行工艺流程的合理选择。特别需要指出的是，对于采用好氧生物处理工艺处理的废水来说，要注意废水的可生化性，通常要求 $COD/BOD_5 > 0.3$，如不能满足要求，可考虑进行厌氧生物水解酸化，以提高废水的可生化性，或是考虑采用非生物处理的物理或化学方法等。

2. 处理程度

处理程度是生活污水和工业废水处理工艺流程选择的主要依据。污水处理程度原则上取决于污水的水质特征、处理后水的去向和受纳水体的自净能力。但是目前污水处理程度的确定主要依从国家的有关法律制度及技术政策的要求。通常环境管理部门是根据《污水综合排放标准》及相关的行业排放标准来控制污水的排放浓度，一些经济发展水平较高的地区还规定了更为严格的地方排放标准。因此，无论是何种需要处理的生活污水或工业废水，也无论是采取何种处理工艺及处理程度，都应以处理系统的出水能够达标为依据和前提，符合环境影响评价报告要求，并按照法律、法规、政策的要求预防和治理水体环境污染。

3. 建设及运行费用

考虑污水处理工艺流程的建设与运行费用时，应以处理水达到水质标准为前提条件。在此前提下，工程建设及运行费用低的工艺流程应得到重视，因为建设费用和运行费用是判断工艺方案是否具有效益的重要依据。例如根据当地的地理环境、地势高差、排水管网和排水点、占地面积等确定厂址，使输送污水的能耗最低和管网投资最省。另外，根据潜在中水用户的分布情况把污水处理厂建在城镇的排水下游和方便用户的地方，可以减少中水的运送成本，并且预留中水用地等，都是降低建设费用和运行费用的主要措施。

4. 工程施工难易程度

工程施工的难易程度也是选择污水处理工艺流程的影响因素之一。例如地下水位高、地质条件差的地方，就不适宜选用深度大、施工难度高的处理构筑物，否则一到雨季，构筑物将很难承受地下水位的浮力，导致构筑物不能正常运行。同时，工程施工还要求管理简单、运行稳定、维修方便，这对于小城市尤为重要，因为小城市往往技术力量比较薄弱。

5. 当地的自然和社会条件

当地的地形、气候等自然条件也对废水处理流程的选择具有一定影响。例如当地气候寒冷，则应采用在采取适当的技术措施后低温季节也能够正常运行并保证取得达标水质的工艺。当地的社会条件如原材料、水资源与电力供应等也是流程选择时应当考虑的因素之一。

6. 水量

除水质外，生活污水或工业废水的水量也是污水处理工艺流程的影响因素之一。对水量、水质变化大的污水应首先考虑采用抗冲击负荷能力强的工艺，或考虑设立调节池等缓冲设备以尽量减少不利影响。

7. 处理过程是否产生新的矛盾

污水处理工艺技术要合理，处理过程中应注意是否会造成二次污染问题。例如制药厂废水中含有大量有机物质（如苯、甲苯、溴素等），在曝气过程中会有有机废气排放，对周围大气环境造成影响；化肥厂废水在采用沉淀、冷却处理后循环利用时，在冷却塔尾气中会含有氰化物，对大气造成污染；农药厂乐果废水处理中以碱化法降解乐果，如采用石灰做碱化剂，产生的污泥会造成二次污染；印染或染料厂废水处理时，污泥的处置是重点考虑的问题。

总之，污水处理流程的选择应综合考虑各项因素，进行多种方案的技术经济比较才能得出结论。

四、污水处理技术发展趋势

随着全球污水处理技术的不断革新，出现了大量的污水处理新工艺，随着各国对环境保护的重视，新的污水处理技术有以下发展趋势。

1. 污水处理技术具有稳定的脱氮除磷功能

《城镇污水处理厂污染物排放标准》（GB 18918—2002）对出水氮、磷有明确的要求，因此已建城镇污水处理厂需要改建，增加设施去除污水中的氮、磷污染物，使污水排放达到国家规定的排放标准，新建污水处理厂则须按照标准进行建设。目前，我国学者对污水生物脱氮除磷的机理、影响因素及工艺等的研究已是一个热点，并提出了一些新工艺及改革工艺，如 MSBR（改良式序列间歇反应器）、倒置 A2/O、UCT 等，并且积极引进国外新工艺，如 OCO、OOC、AOR、AOE 等。对脱氮除磷工艺今后的发展要求不应局限于追求较高的氮磷去除率，而且要求处理效果稳定、可靠、工艺控制调节灵活、投资运行费用节省。目前，生物除磷脱氮工艺正向着这一简洁、高效、经济的方向发展。

2. 污水处理要高效率、低投入、低运行成本

我国是一个发展中国家，经济发展水平相对落后，面对我国日益严重的环境污染状况，国家正在加大力度进行污水的治理，解决城市污水污染的根本措施是建设以生物处理为主体工艺的二级城市污水处理厂，但是，建设大批二级城市污水处理厂需要大量的投资和高额的运行费，这对我国来说是一个沉重的负担。而目前我国的污水处理厂建设工作因为资金的缺乏很难开展，部分已建成的污水处理厂由于运行费用高昂或者缺乏专业的运行管理人员等原因一直不能正常运行，因此对高效率、低投入、低运行成本、成熟可靠的污水处理工艺的研究是今后的重点研究方向。

3. 污水处理技术要适用于小城镇污水处理厂

发展小城镇是我国城市化过程的必由之路，是具有中国特色的城市化道路的战略性选择。截至 2017 年，我国建制镇共有 20654 个，去掉部分县城关镇，真正属于小城镇的有 18099 个。如果只注重大中城市的污水处理工程的建设而忽视数量多、分布广的小城镇的污水治理，我国的污水治理也不能达到预定目标。而小城镇的污水处理又面对着一系列的问题：小城镇污水的特点不同于大城市、小城镇资金短缺、运行管理人员缺乏等。因此，小城镇的污水处理工艺应该是基建投资低、运行成本低、运行管理相对容易、运行可靠性高的工艺。目前对适用于小城镇污水处理厂工艺的研究方向是：从现有工艺中比选出适合小城镇污水处理厂的工艺，同时开发适用于小城镇污水处理厂的新工艺。

4. 污水处理技术要产泥量少、污泥稳定

目前，对污水处理厂所产生的污泥的处理也是我国污水处理事业中的一个重点和难点，2019 年中国城市污水厂的总污水处理量约为 22846 万 t/日，并且污泥的成分很复杂，含有多种有害有毒物质，产量大且含有大量有毒有害物质的污泥如果不进行有效处理而排放到环境中去，会给环境带来很大的破坏。

目前我国污泥处理处置的现状不容乐观。据统计，我国已建成运行的城市污水处理厂中，有条件将污泥经过浓缩、消化稳定和干化脱水处理的污水厂仅占 25.68%，不具有污泥稳定处理的污水厂占 55.70%，不具有污泥干化脱水处理的污水厂约占 48.65%。这说明我国 70% 以上的污水厂中不具有完整的污泥处理工艺，对此问题进行解决的有效办法是：污水处理厂采用产泥量少且污泥达到稳定的污水处理工艺，这样可以从源头上减少污泥的产生量，并且可以得到已经稳定的剩余污泥，从而减轻了后续污泥处理的负担。目前，我国已有部分工艺可做到这一点，如生物接触氧化法工艺、BIOLAK 工艺、水解－好氧工艺等，但对产泥量少且污泥达到稳定的污水处理工艺的系统研究才刚刚开始。

五、废水的最终处置

无论怎样重复利用或循环利用城市污水和工业废水，终究还是会有大量的处理水要排入到天然水体中，这就是废水的最终处置。

废水最终处置的途径原则上是就近排放于天然水体如江、河、湖（水库）、海中。作为地下水补给源，如参与土地处理系统中的渗滤过程，也是废水处理的最终处置途径之一。

废水最终处置的基本要求是根据污水收纳水体的功能、水质标准与纳污能力确定污水处理水平与排放标准，并慎重考虑适当的排放口地点以及对下游水体功能的影响。污水向收纳水体中排放必须保证不降低该水体的总体功能与水质标准。有的城市就近的水体环境容量较小，即使实施污水的处理仍不能保持水体功能与水质标准，则需考虑向较远的大容量水体输送，或采取深度污水处理，或降低就近水体功能。

无论采用哪种处置方案，废水中的有毒有害污染物（如重金属等）都必须严格处理，以达到排放标准。

？复习思考题

1. 什么是水污染？
2. 什么是水体自净？水体自净有哪些分类？

3. 水污染源有哪些?

4. 常见的水体污染物有哪些?

5. 常用的水质指标有哪些?

6. 常用的污水处理技术有哪些?

7. 防治水体污染的主要措施是什么?

第三章 大气污染及控制

第一节 概　　述

一、大气圈及其结构

由于地心引力而随地球旋转的大气层叫作大气圈。它的厚度大约是10000km，大气圈的空气分布是不均的，海平面上的空气密度最大，近地层的空气密度随高度的上升逐渐减小。根据大气圈在不同高度的性质不同分成五层：靠近地面的是对流层，依次往上是平流层（平流层底部有一个臭氧层），然后是中间层、热层（暖层）和外层（逸散层）。

图3-1是大气圈各层高度及温度变化情况。

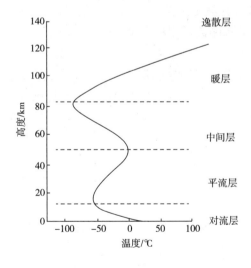

图3-1　大气圈结构

（1）对流层

对流层是大气圈的最低一层，平均厚度约为12km，此层空气是以分子状态存在的，主要是氮气、氧气、二氧化碳、氩气等，质量占整个大气圈的75%。在对流层内，高度每升高1km，气温下降6℃。这种上冷下热的温度分布会使空气形成上下对流，所以称为对流层，空气对流有利于污染物的扩散。对流层中存在着极其复杂的天气现象，如云、雾、雨、露、雪等。人类活动排放的污染物主要在对流层内聚集，通常所说的大气污染主要发生在这一层，因而这一层的状况对人类活动影响最大，是我们研究的主要对象。特别是厚度 2km 以内的大气层受到地形和生物活动的影响较多，局部空气更是复杂多变。

（2）平流层

自对流层顶到 50～55km 的大气层是平流层。在高 15～35km 范围的低平流层内臭氧含量很高，因而这部分平流层被称为"臭氧层"，所以平流层的气体成分主要是氮气、氧气、臭氧等。平流层下部为等温层，在平流层上部，温度随着高度的增加而上升，由于臭氧层对波长小于 300nm 的太阳辐射有吸收作用，因此使平流层温度由零下 50℃增至零下 3℃。平流层的特点是下冷上热，气流上下运动微弱，主要是水平流动。污染物一旦进入平流层，滞留时间可长达几十年，容易造成全球性的影响，比如氟利昂到达平流层会造成臭氧层的破坏。

（3）中间层

中间层又称为高空对流层，它位于平流层之上，层顶高度为 80～85km。中间层有强烈的垂直对流运动，气温随着高度的增加而下降，层顶温度可降至 –113～–83℃。在这一层内，部分气体分子被宇宙辐射电离，形成离子、自由基等活性基团。

（4）暖层

暖层又称为热层，位于中间层的上部，它的上界距地球表面达到 800km。该层空气密度很小，由于宇宙辐射的增强，大量气体分子被电离成电子、原子、离子等，故该层又称为电离层。气体的温度随高度的增加而迅速上升，顶部温度可达到 750～1500K。该层能反射无线电波，对远距离通信极为重要。

（5）逸散层

逸散层又称为外层或散逸层，它是大气圈的最外层。该层上部空气极为稀薄，气温高，地球引力小，一些高速运动的粒子能克服地球引力而逃逸到太空之中，所以又称为散逸层。

二、大气的组成

大气的组成指的是干空气的化学成分。氮气占干空气的体积比最大，约为 78%。其次是氧气，约占干空气体积的 21%。剩下的 1% 由其他各种气体构成，如惰性气体、二氧化碳、甲烷等。除惰性气体外，干空气中各气体的浓度和停留时间呈正相关。地表大气的组成及浓度如表 3-1 所示。

表 3-1　　　　　　　　　　　　地表大气成分构成

成分	体积分数/%	成分	体积分数/%
氮气	78.09	氦	0.00011
氧气	20.94	氙	8×10^{-8}
氩	0.93	氡	6×10^{-10}

续表

成分	体积分数/%	成分	体积分数/%
二氧化碳	0.041	臭氧	0.062
氖	0.0018	二氧化硫	0.082
氦	0.00052	甲烷	1.5×10^{-5}

按浓度划分，可将大气的组成气体分为三类：

①主要成分，有氮气、氧气和氩气。

②微量成分，有水蒸气、二氧化碳、甲烷、氦气、氖气和氙气。

③痕量成分，有氢气、臭氧、一氧化二氮、一氧化氮、一氧化碳、二氧化硫等。

微量成分和痕量成分的分界线并不清晰，所以有时将二者合称为次要成分。

按照在大气中的停留时间划分，可将大气的组成气体分为三类：

①浓度几乎不变的成分，也称准定常成分，寿命长于 10000 年，有氮气、氧气和惰性气体。

②可变成分，寿命从几年到几十年，包括二氧化碳、氢气、甲烷、一氧化二氮等。

③快变成分，寿命小于 1 年，包括水蒸气、一氧化碳、一氧化氮、二氧化硫等。

在一定条件下大气的主要组成成分保持着一种平衡，这种平衡一旦被破坏，就会对许多生物甚至整个生物圈造成灾难性的生态后果。以大气中的二氧化碳为例，尽管它在大气圈中只占 0.03%，但对地球上的生物却很重要。据估算，生物圈每年由大气吸收的二氧化碳约为 4.8×10^{11} t，而向大气排放的二氧化碳也差不多是这一数值。19 世纪工业革命之前，大气中的二氧化碳浓度一直保持在 0.028% 左右。工业革命后，随着人口增加和工业发展，人类活动开始打破二氧化碳的平衡，植被破坏和大量化石燃料的燃烧使生物圈向大气层排放的二氧化碳数量超过了吸收量，目前大气中二氧化碳所占比例已经达到 0.035%，由于二氧化碳具有温室效应，若二氧化碳排放量得不到控制，全球温度将会逐年上升，全球变暖会导致极地冰川融化、海平面上升，给人类生活和全球生态平衡带来严峻的挑战。

第二节　大气逆温

大气温度的垂直分布与大气中污染物的扩散密切相关。气温的垂直分布又称为温度层结。

一、温度层结

由于太阳、大气和大地之间存在能量交换，大气的温度在垂直方向上是变化的。太阳不断地以短波辐射的形式向外辐射能量，而大气只能吸收很少一部分的太阳辐射，大部分的太阳辐射被大地吸收，从而使大地增温，这个过程称为"太阳暖大地"。升温后的大地又以长波辐射的形式向外辐射能量，而大气层中的二氧化碳、水蒸气虽然可以让短波辐射透过却可以吸收长波辐射，从而使靠近地面的大气层温度升高，这个过程称为"大地暖大气"。当然，增温后的大气层也以自身的温度向高层大气和地面辐射能量，称为"大气还大地"。图 3-2 显示了大气的受热过程。

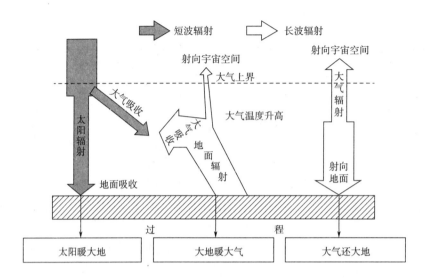

图 3-2 大气的受热过程

由于地面的比热容比空气小，当太阳照向大地时，大地升温快，导致靠近地面的大气温度升温也快。所以在我们生活的对流层内，正常情况下大气温度是随着高度的增加而降低的。大气温度随高度的变化称为气温垂直分布，又称为大气温度层结。大气温度层结分为三种：如果大气的温度随着高度的增加而降低，称为正常分布层结，也叫递减层结；如果随着高度的增加大气温度保持不变，称为等温层结；如果大气温度随着高度的增加而增加，称为逆温层结，这也是逆温天气的主要原因。

气温的垂直分布和大气稳定度密切相关，大气稳定度又和空气污染关系密切。大气稳定度是指大气在垂直方向上稳定的程度，表示大气是否容易发生对流。对于大气稳定度我们可以做这样的理解：假设大气中有一个气团，给它一个外力，那么气团会在外力的作用下进行运动，如果去掉外力后气团加速运动（可以加速上升也可以加速下降），那么这样的大气就是不稳定的。在这种大气中，底部和上部气团非常容易发生对流，有利于污染物的扩散；如果在去掉外力后气团减速运动并有返回原地的趋势，那么这样的大气就是稳定的；如果气团在去掉外力之后不加速也不减速，这样的大气就是中性的。逆温是一种强稳定的大气，非常不利于污染物的扩散。

二、逆温

1. 逆温的形式

气温随高度增加而升高的现象称为逆温。逆温的主要形式有以下几种。

（1）辐射逆温

逆温的形式有很多种，最常见的就是辐射逆温，它是由于地面强烈辐射冷却而形成的逆温。辐射逆温有明显的日变化规律：白天，太阳辐射强，地面升温快，近地面大气温度随着高度的增加而降低，大气不稳定，有利于污染物的扩散；到了傍晚，太阳落山了，地面的热容小、降温快，导致靠近地面的大气层一起降温，所以靠近地面的大气层温度随着高度的增加而增加，形成自地面开始的逆温层，层内大气稳定，不容易发生对流，不利于污染物的扩散；随着地面冷却程度的加剧，逆温层的高度逐渐增加，一直持续到黎明前，此时逆温层高度达到最大值。日出后，地面逐渐增温，使逆温层自地面开始自上而下逐渐消失。随着太阳辐射强度的加大，上午10点以后逆温层全部消失，大气垂直温度分布正常，此时大气不稳定，有利于污染物的扩散。

辐射逆温在中高纬度地区大陆常发生，且经常出现在沙漠地区，冬季最强，逆温层较厚，可达数百米，消失也较慢；夏季最弱，厚度也较薄，消失较快。在山谷和盆地，由于冷却的空气会沿斜坡流入低谷和盆地，因此常常会使低谷和盆地的辐射逆温得到加强，往往持续数天而不消失。我国一些地区冬季大陆被高压控制，由于长时间辐射冷却，地面和近地层空气的温度显著下降，可形成冬季辐射逆温，这种逆温在白天也不消失，逆温层厚度可达几百米到几千米，其上下界的温度差达 $15 \sim 25℃$，有时候可持续若干天不消失。

（2）平流逆温

暖空气流到冷的地面上而形成的逆温称为平流逆温。当暖空气流到冷的地面上时，暖空气与冷地面之间不断进行热量交换，暖空气下层受冷地面影响最大，气温降低最强烈，上层降温缓慢，从而形成逆温。

平流过程具有一定的风速，从而产生空气的湍流，较强的湍流作用常使平流逆温的近地面部分遭到破坏，使逆温层不能与地面相接，而且湍流的垂直混合作用会使逆温层底部气温降得更低，逆温愈加明显。

平流逆温主要出现在中纬度沿海地区。平流逆温的形成是由地面开始逐渐向上扩展的，其强弱由暖空气和冷地面间温差的大小决定，温差越大，逆温越强。它可以在一天中的任何时刻出现，有的还可以持续好几个昼夜。单纯的平流逆温没有明显的日变化。夜间地面的辐射冷却作用可使平流逆温加强，白天辐射增温作用则使平流逆温减弱。

冬季在中纬度的沿海地区因海陆温差甚大，当海上暖湿空气流到大陆上时常会出现较强的平流逆温。这种逆温常伴随着平流雾的形成，与辐射逆温不同，平流雾不但不要求晴朗少云，而且风速也可以较大。暖空气流经冰、雪表面产生融冰、融雪现象，吸收一部分热量，使得平流逆温得到加强，这种逆温又称为雪面逆温。

（3）湍流逆温

因低层空气的湍流混合作用而形成的逆温称为湍流逆温，又称为乱流逆温。当气层的气温直减率小于干绝热直减率时，经湍流混合后，气层的温度分布逐渐接近干绝热直减率。湍流上升的空气按干绝热直减率降低温度，当空气上升到混合层顶部时，它的温度比周围的气温低，混合的结果是使上层气温降低；空气下沉时情况相反，使下层气温升高。

湍流逆温是由于湍流混合而形成的气温随垂直高度增加而增加的现象，常出现在大气中非湍流层与其下面紧贴的湍流层之间，在地面摩擦层顶部亦多见。逆温离地面的高度依赖于湍流混合层的厚度，通常在1500m以下，厚度一般为数十米。

（4）下沉逆温

因整层空气下沉而形成的逆温称为下沉逆温。当某气层产生下沉运动时，因气压逐渐增大及气层向水平方向扩散，气层厚度会减小。若气层下沉过程是绝热过程，且气层内各部分空气的相对位置不变，这时空气层顶部下沉的距离比底部下沉的距离大，致使其顶部绝热增温的幅度大于底部。因此，当气层下沉到某一高度时，气层顶部的气温会高于底部，从而形成逆温。

下沉逆温多出现在离地面1000m以上的高空，厚度可达数百米，多见于副热带反气旋区和高压控制地区，其特点是范围大。逆温层厚度大、逆温持续时间长，不接地而出现在某一高度上。这种逆温有时会像盖子一样阻止向上的湍流扩散，如果延续时间较长，对污染物的扩散会造成很不利的影响。逆温层对空气对流有强烈的抑制作用，所以极其不利于大气污染物的扩散。由于大量气溶胶粒子和水汽积聚在逆温层下面，因此近地面层极易形成烟雾。

下沉的空气来自高层，水汽含量本来就不多，加上下沉以后温度升高，相对湿度显著减小，空气干燥，不利于云的形成，即使原来有云也会趋于消散，因此下沉逆温时天气一般晴好。

（5）锋面逆温

锋面是冷暖气团之间狭窄的过渡带，暖气团位于锋面之上，冷气团在下。在冷暖气团之间的过渡带上便会形成锋面逆温。

锋面逆温的逆温层随锋面的倾斜而呈倾斜状态。由于锋面是从地面向冷空气方向倾斜的，因此，锋面逆温只能在冷气团所控制的地区内观测到。锋面逆温的离地高度及观测点与其相对于锋线的位置有关：距地面锋线越近，逆温层的高度越低；反之则越高。

锋面上暖气团中的温度露点差一般比锋面下冷气团中的要小些，当锋面上有凝结现象时，逆温层以上的温度露点差可以为零。

锋面逆温多发生于暖锋过境时，且出现在锋面附近。但暖锋过境前后都是单一的气团控制，暖锋过境前受冷气团控制，暖锋过境后受暖气团控制，都不会出现锋面逆温。

在自然界，逆温的形成常常是几种原因共同作用的结果。无论逆温是怎样形成的，只要逆温出现，对天气均有一定影响。逆温层能阻碍空气的垂直运动；大量烟尘、水汽等聚集在逆温层下面，使能见度变差，也易造成大气污染。

2. 逆温原因及影响

（1）地理位置

中纬度地区更容易产生下沉逆温现象。在纬线±30°地区，干燥空气下沉，压缩并自热，晴天多，雨水少。自热后气温比下层的空气高，较易导致逆温现象的出现。

（2）时间因素

逆温层的分布随时间产生变化，如夏至时阳光直射在赤道上，中纬度地区更容易产生逆温现象。

（3）天气因素

夜间少云时，地面热量散发较快，温度下降速度也随之增加，使地面温度和上部空气温度的差值降低，第二日早上出现辐射逆温的可能性也随之降低；降水天气会减少逆温的出现概率；大雾天气将增加逆温的出现概率。

（4）地形情况

在多山谷多丘陵处，夜间冷空气会停滞在山谷中，不随上层热气流通过，局部地形满足逆温形成条件，更易导致逆温的出现。临海地区由于海面冷空气吹入内陆而导致逆温层变窄，随后也会在沿岸地面产生逆温。

（5）大气污染程度

大气污染越重，逆温层厚度越高，逆温现象越严重。

出现逆温现象的大气层称为逆温层。按形成原因不同，逆温层可分为辐射逆温层、平流逆温层、下沉逆温层、锋面逆温层和乱流逆温层。不论哪种逆温层对天气都有一定的影响。

在逆温层中，较暖而轻的空气位于较冷而重的空气上面，形成一种极其稳定的空气层，就像一个锅盖一样笼罩在近地层的上空，严重地阻碍着空气的对流运动，由于这种原因，近地层空气中的水汽、烟尘以及各种有害气体上天无路，入地无门，只能飘浮在逆温层下面的空气层中，这样有利于云雾的形成而降低了能见度，从而给交通运输带来麻烦，更严重的是会使空气中的污染物不能及时扩散开，加重大气污染，给人们的生命财产带来危害。近代世界上所发生的重大公害事件中就有一半以上与逆温层的影响有关，例如20世纪的公害事件有伦敦烟雾事件和洛杉矶光化学烟雾事件。

逆温层对人们的健康造成了很大危害。为了尽量避免它的不利影响，保护人类环境，维护人民生命财产的安全，我们一方面必须详细了解低层大气中的逆温层，找出其规律性，这样才能为防止大气污染提供可靠的气象依据；另一方面要采取必要的措施，想方设法防止逆温层产生，这就要减少或消除污染源，大力种树、种草、种花等，绿化美化环境。

第三节　大气污染

《2019年全球空气状况》报告显示，92%的世界人口居住在超过世界卫生组织（WHO）空气质量指南规定的年度平均PM2.5浓度$10\mu g/m^3$的地区，54%的人口生活在超过$35\mu g/m^3$的地区，67%的人口生活在超过$25\mu g/m^3$的地区，82%的人口生活在超过$15\mu g/m^3$的地区。2017年人口加权平均PM2.5浓度最高的地区位于南亚和撒哈拉以南非洲西部。尼泊尔、印度、尼日尔是受影响严重的国家。

近年来，我国雾霾天气频繁出现，对人们的生活和身体健康都造成了不同程度的影响。雾霾天气的出现让我国空气污染的严重状况暴露于有形。工业生产中如火电、钢铁、水泥等行业会产生大量的含尘气体，交通运输工具也会排放大量的污染物，我们日常生活中的取暖、做饭也会对大气造成污染，从而导致人们赖以生存的大气受到污染；光化学烟雾带来的臭氧污染也日益显著；此外还有酸雨、臭氧层破坏和全球变暖等全球性的大气污染环境问题。

一、大气污染

大气污染是指人类活动或自然过程使得某些物质进入大气中并呈现出足够的浓度，达到了足够的时间，因此危害了人体的舒适和健康，甚至危害了生态环境。在20世纪的八大公害事件中有5个事件与大气污染有关，即马斯河谷事件、多诺拉事件、洛杉矶光化学烟雾事件、伦敦烟雾事件、四日市哮喘事件。

造成大气污染的主要原因是人类的活动和自然过程。人类活动包括人类的生活活动（如燃煤、汽车尾气等）和生产活动两个方面，其中生产活动是造成大气污染的主要原因。自然过程则包括火山活动、森林火灾、海啸、地震、空气运动等。这些活动产生的污染物进入大气，使大气中的某些组分如二氧化碳、可吸入颗粒物等含量大大超标。

大气污染有多种分类方法，以下是三种主要的分类方法：

（1）根据大气污染影响所涉及的范围划分

可以把大气污染分为：①局部性污染：如工厂烟囱排放废气造成的污染。②地区性污染：如某个城市的大气污染现象。③广域性污染：是指更大区域的大气污染，如我国西南地区的酸雨污染。④全球性污染：指的是跨国乃至整个全球性的大气污染，如温室效应、臭氧层破坏等。

（2）根据能源性质和大气污染物的组成和反应划分

可以把大气污染分为：①煤炭型污染：主要是燃煤产生的二氧化硫、颗粒物的污染等。②石油型污染：主要是石油燃烧产生的烃类等污染物造成的污染等。③混合型污染：指的是多种化石燃料燃烧后产生的污染。④特殊型污染：工厂排放的一些特殊污染物如金属、蒸汽、硫化氢、氟化氢等造成的污染。

（3）根据污染物的化学性质及其存在的大气环境状况划分

可以把大气污染分为：①还原型（伦敦型）：主要污染物为 SO_2、CO 和颗粒物，在低温、高湿的阴天、风速小并伴有逆温的情况下，一次污染物在低空集聚生成还原型烟雾。②氧化型（洛杉矶型）：污染物来源于汽车尾气、燃油锅炉和石化工业。主要一次污染物是 CO、氮氧化物和碳氢化合物。这些大气污染物在阳光照射下能引起光化学反应，生成二次污染物——臭氧、醛、酮、过氧乙酰硝酸酯等具有强氧化性的物质，强烈刺激人和动物的眼睛、黏膜。

我国的大气污染构成复杂，主要体现在以下几个方面：①以煤为主的能源消费结构以及工业结构和布局的不合理，普遍形成城市大气总悬浮颗粒物超标、二氧化硫污染保持在较高水平的煤烟型污染；②城市机动车尾气排放污染物剧增，氮氧化物的污染呈加重趋势，许多大城市的大气污染已由煤烟型向煤烟、交通、氧化型等共存的复合型污染转变；③大规模建筑施工等人为活动引起扬尘污染加重；④部分地区生态被破坏，使得我国北方沙尘暴污染有所加重；⑤由于硫氧化物、氮氧化物等致酸物质的排放仍未得到有效控制，全国已形成华中、西南、华东、华南等多个酸雨区，尤以华中酸雨区最为严重。

二、大气污染物

大气污染物是由于人类活动或者自然过程排入大气，并对人和大气产生影响的那些物质。按存在状态，大气污染物可以分为气溶胶状态污染物和气态污染物。气溶胶是指沉降速度可以忽略的小固体粒子、液体粒子或它们在介质中的悬浮体系，包括我们平时所说的粉尘、烟、飞灰、黑烟、霾、雾以及总悬浮颗粒物（TSP）、PM10、PM2.5 等，都属于气溶胶状态污染物。大气中的气体状态污染物又称为气态污染物，是以分子状态存在的。按照与污染源的关系，大气污染物又可分为一次污染物和二次污染物。一次污染物是指直接从污染源排放到大气中的原始污染物质，主要有 SO_2、NO_X、CO、CO_2、烃类化合物等。二次污染物是指由一次污染物与大气中已有组分或几种一次污染物之间经过一系列化学或光化学反应而生成的、与一次污染物性质不同的新污染物质，其毒性比一次污染物更强。主要有硫酸烟雾和光化学烟雾。

1. 气溶胶污染物

直径为 $0.002 \sim 100\mu m$ 的液滴或固态粒子都属于气溶胶。大气气溶胶中各种粒子按其粒径大小具体可以分为：

①总悬浮颗粒物（TSP）：是指悬浮在空气中，空气动力学当量直径在 $100\mu m$ 以下的颗粒物，为大气质量评价中一个通用的重要污染指标。

②粉尘：指悬浮于气体介质中的细小粒子，能在大气中长期漂浮的悬浮物质称为飘尘，其粒径通常小于 $10\mu m$，用 PM10 来表示。用降尘罐采集到的大气颗粒物靠重力在一定时间能够沉降的称为降尘，其粒径一般大于 $30\mu m$。单位面积降尘可作为评价大气污染程度的指标之一。

③黑烟：通常指燃烧产生的能见气溶胶，不包括水蒸气。黑烟的粒径范围为 $0.05 \sim 1\mu m$。

④雾尘：小液体粒子悬浮于大气中的悬浮体的总称。这种小液体粒子一般是由蒸气的凝结、液体的喷雾经过雾化及化学反应过程所形成，粒子的粒径一般小于 $100\mu m$。水雾、酸雾、碱雾、油雾等都属于雾尘。

⑤PM2.5：大气中空气动力学当量直径小于或等于 $2.5\mu m$ 的颗粒物，被认为是造成雾霾天气的元凶。

2. 气体状态污染物

气体状态污染物主要有以二氧化硫为主的硫氧化合物，以二氧化氮为主的氮氧化合物，以一氧化碳、二氧化碳为主的碳氧化合物以及碳、氢结合的碳氢化合物。大气中不仅含有无机污染物，而且含有机污染物。

（1）硫氧化合物

主要指二氧化硫和三氧化硫，其中二氧化硫的数量最大，危害也最大。二氧化硫是无色、有刺激性气味的气体，其本身毒性不大，动物连续接触 $30mg/kg$ 的 SO_2 无明显的生理学影响。但是在大气中尤其是在污染大气中 SO_2 易被氧化成 SO_3，与水分子结合形成硫酸分子，最终形成硫酸气溶胶，并同时发生化学反应形成硫酸盐。硫酸和硫酸盐可以形成硫酸烟雾和酸雨，会对环境造成较大危害。

大气中的 SO_2 主要来源于含硫燃料的燃烧过程及硫化矿物石的焙烧、冶炼过程。火力发电厂、有色金属冶炼厂、硫酸厂、炼油厂和所有烧煤或油的工业锅炉、炉灶等都排放 SO_2 烟气。

（2）氮氧化合物

种类很多，氮氧化合物是 NO、NO_2、N_2O、NO_3、N_2O_4、N_2O_5 等氮氧化物的总称，造成大气污染的氮氧化物主要是指 NO 和 NO_2。大气中氮氧化物的人为源主要来自于燃料燃烧过程，其中 2/3 来自于汽车等流动源的排放。NO_X 可以分为以下两种：

①燃料型 NO_X：燃料中含有的氮元素在燃烧过程中氧化生成 NO_X。

②热力型 NO_X：燃料燃烧过程中空气中的 N_2 在高温（>1300℃）条件下氧化生成的 NO_X。

其天然源主要为生物源，如机体腐烂。大气中的 NO_X 最终转化为硝酸（HNO_3）和硝酸盐微粒，经湿沉降和干沉降从大气中去除。

（3）碳氧化合物

①一氧化碳（CO）：人为源在燃料不完全燃烧时产生，主要来自汽车尾气和化石燃料的燃烧，此外还有森林火灾、农业废弃物焚烧。

天然源：甲烷转化、海水中 CO 挥发、植物排放物转化、植物叶绿素的光解。

②二氧化碳：无毒气体二氧化碳作为一种常见的温室气体，因引发全球性环境演变成为大气污染问题中的关注点，主要在化石燃料完全燃烧、生物的呼吸时产生。

（4）碳氢化合物

又称烃类，是形成光化学烟雾的前体物，通常是指 C1～C8 可挥发的所有碳氢化合物。分为甲烷和非甲烷烃两类，甲烷是在光化学反应中呈惰性的无害烃，非甲烷烃（NMHC）主要是萜烯类化合物（植物排放占总量的 65%）。非甲烷烃的人为源主要包括：汽油燃烧（典型成分为 CH_4、C_2H_4、C_3H_6 和 C4 等碳氢化合物）、焚烧、溶剂蒸发、石油蒸发和运输损耗、废物提炼等。

（5）含卤素化合物

大气中以气态形式存在的含卤素化合物大致分为三类：卤代烃、氟化物及其他含氯化合物。卤代烃中的三氯甲烷（$CHCl_3$）、氯乙烷（CH_3CCl_2）、四氯化碳（CCl_4）等是重要化学溶剂，也是有机合成工业的重要原料和中间体，在生产使用中因挥发进入大气。大气中主要含氯无机物如氯气和氯化氢来自于化工厂、塑料厂、自来水厂、盐酸制造厂、废水焚烧等。氟化物包括氟化氢（HF）、氟化硅（SiF_4）、氟（F_2）等，其污染源主要是使用萤石、冰晶石、磷矿石和氟化氢的企业，如炼铝厂、炼钢厂、玻璃厂、磷肥厂、火箭燃料厂等。

3. 二次污染物

二次污染物的危害很大，已受到人们普遍重视的是硫酸烟雾和光化学烟雾。

（1）伦敦型硫酸烟雾

硫酸烟雾也称为伦敦烟雾，因其最早发生在英国伦敦而得名。

硫酸型烟雾从化学上看是还原型烟雾，故也称此烟雾为还原型烟雾，主要是由燃煤

排放的 SO_2、颗粒物以及由 SO_2 氧化形成的硫酸盐颗粒物所造成的大气污染现象。在硫酸烟雾形成过程中，雾滴中锰、铁、氨的催化作用使 SO_2 加速氧化为 SO_3。SO_2 的氧化速率还会受到其他污染物、温度以及光强等因素的影响。这种污染一般发生在冬季、气温低、湿度高和日光弱的天气条件下。该烟雾对人类的呼吸道有刺激作用，严重时可导致死亡。

（2）洛杉矶型光化学烟雾

该烟雾最早发生在美国的洛杉矶市，随后在墨西哥、日本以及我国的部分地区相继发生。

汽车、工厂等污染源排入大气的碳氢化合物和氮氧化物（NO_X）等一次污染物在阳光（紫外光）作用下发生光化学反应，生成了二次污染物，参与光化学反应过程的一次污染物和二次污染物的混合物（其中有气体污染物也有气溶胶）所形成的烟雾污染现象就是光化学烟雾，烟雾一般呈浅蓝色。

光化学烟雾可随气流扩散数百千米，甚至能使远离城市的农作物也受到损害。光化学烟雾多发生在阳光强烈的夏秋季节，随着光化学反应的不断进行，反应生成物不断蓄积，光化学烟雾的浓度不断升高，在 3～4h 后达到最大值。

光化学烟雾会造成大气污染，危害动植物，加速建筑材料老化，并且降低能见度，影响人们出行。光化学烟雾对人和动物的影响主要是刺激眼睛和黏膜，使成人出现头痛、呼吸障碍、慢性呼吸道疾病恶化，使儿童肺功能异常等。

4. 雾霾

自从 2012 年以来严重空气污染现象的持续发生，雾霾、PM2.5 这些专业词汇受到了人们的普遍关注。

雾霾，顾名思义是雾和霾，但是雾和霾的区别很大。空气中的灰尘、硫酸、硝酸等颗粒物组成的气溶胶系统造成视觉障碍的叫"霾"，也称为"灰霾"。"雾"是由大量悬浮在近地面空气中的微小水滴或冰晶组成的气溶胶系统。雾霾是雾和霾的混合物，相对湿度在 90% 以上时，雾的成分多；相对湿度在 80%～90%，为雾与霾的混合物；相对湿度低于 80%，颜色发黄，以霾为主。

科学家们的初步研究结果表明，大约 50% 的气溶胶颗粒物来自一次颗粒物，主要来自包括燃煤、机动车尾气排放、生物质燃烧、扬尘、工业废气排放（比如钢铁、金属冶炼、化工和建筑等）等。而另外大约 50% 的颗粒物是二氧化硫、氮氧化物、挥发性有机物（Volatile Organic Compounds，简称 VOCs）等气态污染物，这些气态污染物在大气中经过复杂的化学反应，形成硝酸盐、硫酸盐和二次气溶胶颗粒物，都是 PM2.5 的重要来源。人类生活和工业生产所排放的气态污染物产生的雾霾是二次颗粒物，其毒性比一次颗粒物还大。在严重污染的天气里，二次细颗粒物所占比例会明显增加，可见二次颗粒物是严重雾霾天气的主要污染成分。

雾霾对人体健康、交通和生态环境都有不利影响。颗粒物越小，对人体的危害越大。PM2.5 被吸入人体后会直接进入支气管，干扰肺部的气体交换，引发包括哮喘、支气管炎和心血管病等方面的疾病。这些颗粒还可以通过支气管和肺泡进入血液，其中的有害气体、重金属等溶解在血液中，对人体健康的伤害更大。其次是危害交通，雾霾对高速公路交通安全影响极大。雾霾天气时，由于空气质量差，能见度低，容易引起交通阻塞，发生交通事故。雾霾也会对铁路安全运输构成影响。雾霾天气时，空气中含有大量的颗粒污染物，而颗粒物含有多种重金属物质。当电力机车在行驶中时，飘浮在空气中的粉尘颗粒会积聚在车顶的高压器件上，很容易产生"污闪"现象，造成设备故障，给行车安全和铁路电网带来不利影响。雾霾还会影响航空运输，雾霾会直接导致机场的航班起降受到影响，班机延误会使大部分客户的货物无法及时送达目的地，间接影响着进出口的经济环境。最后是影响生态环境，雾霾天气时，农作物光合作用减弱，光照时间减少，从而影响它们的正常生长和发育。

雾霾天气时人们要从以下几个方面做到自我防护：①避免雾霾天晨练；②雾霾严重时尽量减少外出，出门做好防护，如佩戴口罩；③注意调节情绪，保持乐观；④多补充维生素，多吃新鲜水果蔬菜等。

控制雾霾的关键是控制污染源，所以要合理利用资源，以预防为主、防治结合、标本兼治为原则。经过努力，我国在雾霾防治方面取得了很大进展，空气质量逐步改善。"大气十条"实施6年多来，京津冀、长三角、珠三角的PM2.5浓度较2013年同期大幅下降。

三、大气污染源

根据大气污染的定义，大气污染物主要来源于自然活动和人类活动。由自然过程排放污染物造成的大气污染多为暂时和局部的，人类活动排放污染物是造成大气污染的主要根源。

1. 天然污染源

①火山喷发：排放出 H_2S、CO_2、CO、HF、SO_2 及火山灰等颗粒物。

②森林火灾：排放出 CO、CO_2、SO_2、NO_2、碳氢化合物等。

③自然尘：风砂、土壤尘等。

④森林植物释放：主要为萜烯类碳氢化合物。

⑤海浪飞沫颗粒物：主要为硫酸盐与亚硫酸盐。

在有些情况下，天然源比人为源造成的污染更严重，据相关统计，全球氮排放的93%和硫氧化物排放中的60%来自于天然污染源。

2. 人为污染源

通常所说的大气污染源是指由人类活动向大气输送污染物的发生源。大气的人为污染源可以概括为以下四个方面。

（1）燃料燃烧

燃料（煤、石油、天然气等）的燃烧过程是向大气输送污染物的重要发生源。煤炭的主要成分是碳，并含氢、氧、氮、硫及金属化合物。燃料燃烧时除产生大量烟尘外，在燃烧过程中还会形成一氧化碳、二氧化碳、二氧化硫、氮氧化物、有机化合物及烟尘等物质。发达国家能源以石油为主，大气污染物主要是一氧化碳、二氧化硫、氮氧化物和有机化合物。我国能源以煤为主，主要大气污染物是颗粒物和二氧化硫

（2）工业生产过程

如石化企业排放硫化氢、二氧化碳、二氧化硫、氮氧化物；有色金属冶炼工业排放的二氧化硫、氮氧化物及含重金属元素的烟尘；磷肥厂排放的氟化物；酸碱盐化工业排出的二氧化硫、氮氧化物、氯化氢及各种酸性气体；钢铁工业在炼铁、炼钢、炼焦过程中排出的粉尘、硫氧化物、氰化物、一氧化碳、硫化氢、酚、苯类、烃类等。工业生产过程中产生的污染物组成与工业企业的性质密切相关。

（3）交通运输过程

汽车、船舶、飞机等排放的尾气是造成大气污染的主要来源。由于交通工具主要以燃油为主，因此其排放的废气中主要含有一氧化碳、氮氧化物、碳氢化合物、含氧有机化合物、硫氧化物和铅的化合物等物质。排放到大气中的污染物经过阳光的照射可能会发生光化学作用，生成光化学烟雾，因此交通工具排放的尾气是二次污染物的主要来源之一。

（4）农业活动

田间施用农药时，一部分农药会逸散到大气中，残留或黏附在农作物表面的农药仍可挥发到大气中。进入大气的农药可以被悬浮的颗粒物吸收，并随气流向各地输送，造成大气农药污染。此外，秸秆焚烧等也会产生大气污染物。

大气污染物的上述来源具体到不同国家、不同地区，由于燃料结构、生产水平、生产方式和生产规模不同，污染物的主要来源也不同。烟尘、二氧化硫、氮氧化物和一氧化碳4种主要污染物的统计数据表明，我国大气污染物的主要来源是燃料燃烧，其次是工业生产和交通运输。

四、空气质量指数和空气质量评价

空气质量指数（Air Quality Index，AQI）是定量描述空气质量状况的无量纲指数。针对单项的污染物，还规定了空气质量分指数（Individual Air Quality Index，IAQI）。AQI 范围为 0～500，没有单位。AQI 与原来发布的空气污染指数（Air Pollution Index，API）有着很大的区别。API 是根据 1996 年颁布的旧标准（《环境空气质量标准》GB 3095—1996）制定的评价指数，评价指标有二氧化硫、二氧化氮、可吸入颗粒物（PM10）3 项污染物。2012 年开始，多个城市出现严重雾霾天，市民的实际感受与 API 显示出的良好形势反差强烈，呼吁改进空气评价标准的呼声日趋强烈。灰霾的形成主要与 PM2.5 有关，此外，反映光化学污染的臭氧也没有纳入 API 的评价体系中。为此，《环境空气质量标准》（GB 3095—2012）在 2012 年初出台，对应的空气质量评价体系也变成了 AQI。在 API 的基础上增加了细颗粒物 PM2.5、臭氧、一氧化碳 3 种污染物指标，发布频次也从每天一次变成每小时一次。

根据《环境空气质量标准》（GB 3095—2012）规定，空气质量指数按照数值从小到大分为 6 档，对应于空气质量的 6 个级别，指数越大，级别越高，说明污染越严重，对人体健康的影响也越明显。空气质量指数采用不同的颜色表示不同的等级，如表 3-2 所示。

表 3 – 2 　　　　　　　　　　　　　　　　环境空气质量指数

空气质量指数	空气质量指数级别	空气质量指数类别及表示颜色		对健康影响情况	建议采取的措施
0 ~ 50	一级	优	绿色	空气质量令人满意，基本无空气污染	各类人群可正常活动
51 ~ 100	二级	良	黄色	空气质量可接受，但某些污染物可能对极少数异常敏感人群健康有较弱影响	极少数异常敏感人群应减少户外活动
101 ~ 150	三级	轻度污染	橙色	易感人群症状有轻度加剧，健康人群出现刺激症状	儿童、老年人及心脏病、呼吸系统疾病患者应减少长时间、高强度的户外锻炼
151 ~ 200	四级	中度污染	红色	进一步加剧易感人群症状，可能对健康人群心脏、呼吸系统有影响	儿童、老年人及心脏病、呼吸系统疾病患者避免长时间、高强度的户外锻炼，一般人群适量减少户外运动
201 ~ 300	五级	重度污染	紫色	心脏病和肺病患者症状显著加剧，运动耐受力降低，健康人群普遍出现症状	儿童、老年人和心脏病、肺病患者应停留在室内，停止户外运动，一般人群减少户外运动
>300	六级	严重污染	褐红色	健康人群运动耐受力降低，有明显强烈症状提前出现某些疾病	儿童、老年人和病人应当留在室内，避免体力消耗，一般人群应避免户外活动

空气质量评价的基本步骤是：首先，对照各项污染物的分级浓度限值（参照 GB 3095—2012），以各项污染物的实测浓度值分别计算得出空气质量分指数（IAQI）；然后，从各项污染物的 IAQI 中选择最大值确定为空气质量指数 AQI，当 AQI 大于 50 时，将 IAQI 最大的污染物确定为首要污染物；最后，对照 AQI 分级标准，确定空气质量级别和颜色、健康影响与建议采取的措施。

第四节　大气污染的危害

大气污染物的种类很多，其物理和化学性质也非常复杂，毒性也各不相同。因此，大气环境受到污染物所产生的危害和影响是多方面的，程度亦不相同。其主要危害和影响如下。

一、对人体健康的危害

人需要呼吸空气以维持生命。一个成年人每天呼吸 2 万多次，吸入空气达 15 ~

$20m^3$，因此被污染的空气对人体健康有直接的影响。

大气污染主要通过三条途径危害人体，一是人体表面接触后受到伤害，二是食用含有大气污染物的食物和水中毒，三是吸入污染的空气后患有各种严重的疾病，其中第三种途径是主要途径。大气污染物进入人体的主要途径如图3-3所示。

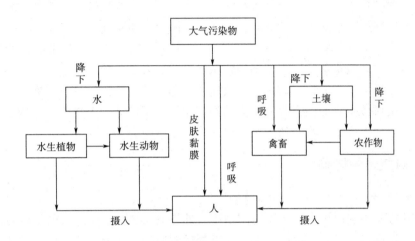

图3-3　大气污染物进入人体的主要途径

严重大气污染对人体的影响首先是感觉上不舒服，随后生理上出现可逆性反应，再进一步就出现急性危害症状。大气污染对人的危害大致可分为急性中毒、慢性中毒、致癌3种。

1. 急性中毒

大气中的污染物浓度较低时，通常不会造成人体急性中毒，但在某些特殊条件下，如工厂在生产过程中出现特殊事故、大量有害气体泄漏外排、外界气象条件突变等，便会引起人群的急性中毒。如印度帕博尔农药厂甲基异氰酸酯泄漏带来的严重后果，造成了2500人丧生，10万多人受害。

2. 慢性中毒

大气污染对人体健康的慢性毒害作用，主要表现为低浓度污染物质长时间连续作用于人体后出现患病率升高等现象。中国城市居民肺癌发病率很高，城市居民呼吸系统疾病的发病率明显高于郊区居民。

3. 致癌作用

由于污染物长时间作用于肌体，因此会损害人体内遗传物质，如果生殖细胞发生突变，后代机体就会出现各种异常，即具有致畸作用；如果污染物引起生物体细胞遗传物质和遗传信息发生突然改变，即具有致突变作用；如果污染物诱发肌体形成肿瘤，致癌作用。环境中致癌物可分为化学性致癌物、物理性致癌物、生物性致癌物等。长期接触环境中致癌因素而引起的肿瘤称为环境瘤。

二、对其他生物的危害

大气污染主要是通过三条途径危害生物的生存和发育：一是使生物中毒或枯竭死

亡，二是减缓生物的正常发育，三是降低生物对病虫害的抗御能力。

植物在生长期中长期接触大气污染物，会损伤叶面，减弱光合作用，尤其是二氧化硫、氟化物等对植物的危害十分严重。当污染物浓度很高时会对植物造成急性危害，使植物叶表面产生伤斑，或者直接导致叶枯萎脱落，若污染物伤害了植物内部结构，将使植物枯萎直至死亡；当污染物浓度不高时会对植物产生慢性危害，使植物叶片褪绿，或者影响植物的内部生理功能，造成农产品产量下降或品质变坏。

大气污染对动物的损害主要体现在呼吸道感染及食用被大气污染的食物后引起中毒。内蒙古自治区包头钢铁厂曾经采用含氟量高的矿石作为加工原料，排放的烟气中氟含量很高，污染了周围的牧草和水源，致使牛、羊、马等牲畜的骨骼变形、骨折。

大气污染对微生物的伤害与对动物的伤害相似，受污染的大气可通过酸雨形式进入土壤，直接杀死土壤微生物，使土壤酸化，降低土壤肥力。

三、对气候的影响

1. 全球变暖

温室效应是指透射阳光的密闭空间由于与外界缺乏热交换而形成的保温效应，太阳短波辐射可以透过大气射入地面，而地面增暖后放出的长波辐射却被大气中的温室气体所吸收，从而产生大气变暖的效应。大气中的温室气体就像一层厚厚的玻璃，使地球变成了一个大暖房。如果没有大气，地表平均温度就会下降到 -23℃，而实际地表平均温度为 15℃，也就是说温室效应使地表温度提高 38℃。大气中的二氧化碳浓度增加，阻止地球热量的散失，使地球发生可感觉到的气温升高，这就是全球变暖的"温室效应"。

大气中并不是任何气体都能强烈吸收地面长波辐射。地球大气中起温室作用的气体主要有二氧化碳、甲烷、臭氧、一氧化二氮、氟利昂以及水蒸气等。它们几乎吸收地面发出的所有的长波辐射，其中只有一个很窄的区段吸收很少，因此称为"窗区"。地球正是主要通过这个"窗区"把从太阳获得的热量中的 70% 又以长波辐射形式返还宇宙空间，从而维持地面温度不变。因为人类活动增加了温室气体的数量和品种，使这个70% 的数值下降，留下的余热因温室效应使地球变暖。

2015—2019 年是有记录以来较热的五年。全球平均气温比工业化前（1850—1900年）高（1.1±0.1）℃。2016 年是记录中最热的一年，其次是 2019 年。在有记录的 18个最暖的年份中，17 个都发生在 21 世纪，而这 3 年的升温程度是前所未见的。地球长期持续变暖，2017 年的全球平均气温比 1951—1980 年的平均气温偏高 0.9℃，全球变暖已是不争的事实。

《京都议定书》给出了人类排放的温室气体的种类，其中二氧化碳的增温效应最大，其次是甲烷。全球变暖是因为人类活动排放的温室气体超过环境容量而导致的，具体包括人口剧增、大气污染加剧、海洋生态环境恶化、土地破坏、森林锐减、酸雨、物种加速灭绝、水污染等因素。

全球变暖趋势如果得不到有效控制，后果将会非常严重，将会对海洋、生态、气候、农作物和人类产生重大不利影响：①全球变暖将导致海平面上升，很多沿海城市可能不复存在，同时降水将重新分布，改变当前的世界气候格局。②全球变暖会影响和破坏生物链、食物链，带来更为严重的自然恶果，比如北极升温等。③全球变暖会使大陆地区尤其是中高纬度地区的降水增加，非洲等一些地区的降水减少。还会使有些地区的极端天气、气候事件出现的频率与强度增加，比如厄尔尼诺、雷暴、冰雹、风暴、高温天气和沙尘暴等。④全球气温变化直接影响全球的水循环，使某些地区出现旱灾或洪灾，导致农作物减产，而且温度过高不利于种子生长。⑤由于全球气温上升使北极冰层溶化，被冰封十几万年的史前致命病毒可能会重见天日，比如远古的流行性感冒、小儿麻痹症和天花、脑炎、狂犬病等疫症病毒有可能大规模蔓延，导致全球陷入恐慌，使人类的生命受到严重的威胁。

减缓并遏制全球变暖主要从以下几个方面努力：

①首先采取法律手段，制定各种旨在限制二氧化碳排放的各种政府和国际的规定，签订各种国际公约。2015年12月12日在巴黎气候变化大会上通过了《巴黎协定》，其主要目标是将21世纪全球平均气温上升幅度控制在2℃以内，并将全球气温上升控制在前工业化时期水平之上1.5℃以内。2016年4月22日在纽约签署的气候变化协定，这是继《京都议定书》后第二份有法律约束力的气候协议，该协定为2020年后全球应对气候变化行动做出安排。其次是采用经济手段，提高易排放二氧化碳能源的价格和超标排放税负。总之，全球各国都要积极参与控制二氧化碳向大气的排放量。

②在技术上，一是节约能源和提高能源利用率；二是开发可再生的替代性能源，如太阳能、风能、海洋能、生物能、地热能、氢能等；三是大力发展核能；四是变革能源消耗模式。

③走低碳经济之路。低碳经济是指温室气体排放量尽可能低的经济发展方式，尤其是要有效控制二氧化碳这一主要温室气体的排放量。发展低碳经济是一场涉及生产模式、生活方式、价值观念和国家权益的全球性革命。

④禁止乱砍滥伐，保护森林，植树造林。森林能够涵养水源，保持水土，吸收二氧化碳，制造氧气。

⑤从生活做起，从个人做起。每个人都应从衣、食、住、行各个方面拒绝浪费，提倡绿色生活。

我国为二氧化碳减排做出了巨大努力。截至2017年底，我国碳强度已经下降了46%，提前3年实现了40%~45%的上限目标；中国森林蓄积量已经增加21亿 m^3，超额完成了2020年的目标。遏制全球变暖需要全世界人民一起努力。

2. 臭氧层破坏

臭氧是无色、有毒、有刺激气味的气体，在自然的大气中，对流层内臭氧的含量比较少。在高度15~35km范围的低平流层内臭氧含量很高，这部分平流层也被称为臭氧层，在平流层内集中了大气中90%的臭氧。臭氧层能够吸收太阳光中的紫外线，保护地球上的人类和动植物免受紫外线的伤害。臭氧层具有加热作用，臭氧吸收太阳光中的紫外线并将其转换为热能加热大气，对地球具有保温作用。

臭氧的生成和消耗是一个动态平衡过程。大气中的氧气会被光解成两个氧原子，氧原子和氧气在有第三种中性分子的参与下进行三体碰撞而产生臭氧。在60km以上的高空，太阳紫外线强，氧分子大量离解，三体碰撞机会减少，臭氧含量极少。在 5km 以下低空，紫外线大大减弱，氧原子很少，难以形成臭氧。在 15～35km 高度范围内，既有足够的氧原子，又有足够的氧分子，最有利于三体碰撞，形成的臭氧每年约有 500 亿 t。同时，臭氧又会在紫外线的照射下还原为氧气，所以臭氧是在不断生成和消耗之间保持一个动态平衡。

臭氧层是在 4 亿年前形成的，之后基本上没有遭到破坏。1985 年，科学家发现南极上空的臭氧浓度有减少的现象，臭氧浓度只有正常浓度的 1/4 左右。臭氧层的破坏与人类向大气中排放大量的含氯和含溴的人工化学品有关，这些化学品会消耗臭氧层，且种类繁多，多达上百种，包括氟氯烃、卤代烷、四氯化碳、甲基氯仿、甲基溴、含氢氟氯烃等。这些物质是制冷剂、发泡剂、清洗剂、灭火剂、气雾剂、烟丝膨胀剂、化工助剂、杀虫剂的主要成分。这里面最典型的代表是氟氯烃，商业名称氟利昂，曾大量用于冰箱空调制冷剂、有机溶剂、气雾剂等。氟利昂的化学性质非常稳定，在大气中的平均寿命长达数百年，大部分稳定地停留在对流层，一小部分升入平流层，这时由于太阳辐射强度增大因此很容易被分解。氟利昂受到短波紫外线的照射分解出氯自由基，氯自由基与臭氧发生反应生成次氯酸自由基和氧气，而次氯酸自由基又可以和氧原子反应生成氯自由基和氧气，在整个反应过程中氯自由基本身并不消耗，是臭氧分解催化剂，1 个氯自由基可以破坏 10 万个臭氧分子。

南极臭氧洞的形成可以解释如下：零下 80℃ 的低温使水蒸气形成冰晶云。冰晶云具有很大的表面积，可以不断吸收氯氟烃气体在其表面聚集。春季来临时，在阳光的照射下冰晶云升温，氯氟烃气体不断释放。氯氟烃分子在紫外线的照射下开始释放氯自由基，氯自由基大量损耗臭氧。另一方面，南极极地涡旋会阻止臭氧补充到南极上空，从而导致南极上空臭氧浓度降低，出现臭氧洞。

臭氧的减少将导致地面接收的紫外线辐射量增加，会对人体健康产生不利影响，比如 DNA 改变、免疫机制减退、皮肤癌、白内障等；臭氧减少会使农作物和微生物受损，杀死海洋中的浮游生物，伤害生物圈的食物链以及高等植物的表皮细胞，抑制植物的光合作用和生产速度。有资料表明，臭氧减少 25%，大豆产量将减少 20%～25%。

保护臭氧层是全球性的环境问题，需要全世界人民的努力。第一，建立国际间和各国的臭氧层保护法律约束机制，控制破坏臭氧层物质的排放。我国于 1991 年 6 月签署了《蒙特利尔议定书》（1989）的伦敦修正案。1994 年第 52 次联合国大会决定把每年的 9 月 16 日定为国际保护臭氧层日。第二，减少并逐步禁止氟氯烃等消耗臭氧物质的排放，积极研制新型的制冷系统。开发氟利昂的替代品，使用不含氯的氟利昂或者是不含氟和氯的替代品。第三，提高保护臭氧层的认识，牢固树立环境意识。强调人与自然的和谐，强调资源的持续利用，使各国人民都认识臭氧层的作用，增强生态环境意识，共同保护臭氧层。

经过努力，2000—2013 年，中北纬度地区 50km 高度的臭氧水平已回升 4%。联合国组织 300 名科学家对地球臭氧水平进行持续监测，每 4 年为一个评估期。被破坏的臭氧层虽然在恢复，但距离痊愈状态还很遥远。南极臭氧层空洞依旧存在，最新计算显示，南极上空的臭氧浓度水平仍比 1980 年低 6%。

3. 酸雨

正常雨水的 pH 为 5.6~7，酸雨是指 pH 小于 5.6 的雨雪或其他形式的降水。雨、雪等在形成和降落过程中吸收并溶解了空气中的二氧化硫、氮氧化合物等酸性物质，形成了 pH 低于 5.6 的酸性降水。

酸雨主要是由人为向大气中排放大量的酸性物质所造成的。一是含硫化石燃料燃烧生成二氧化硫，二氧化硫和水作用生成亚硫酸，亚硫酸在空气中可以被氧化成硫酸；二是化石燃料的燃烧、工业生产等排放的一氧化氮在空气中可以被氧化成二氧化氮，二氧化氮和水作用生成硝酸；此外还有其他酸性气体溶于水导致酸雨，如氟化氢、氟气、氯气、硫化氢等酸性气体。

中国的酸雨主要是因为大量燃烧含硫量高的煤而形成的，大多为硫酸雨，少部分为硝酸雨。近几十年来，我国煤、石油和天然气等化石燃料消耗持续增长，煤中含有硫，在燃烧过程中会生成大量的二氧化硫，造成硫酸雨；煤燃烧过程中的高温会使空气中的氮气和氧气反应生成一氧化氮，继而转化为二氧化氮，造成硝酸雨。金属冶炼和化工生产特别是硫酸生产和硝酸生产等工业生产过程中也会产生大量的二氧化硫和二氧化氮气体。此外，汽车尾气中含有一氧化氮，随着我国各种汽车数量猛增，汽车尾气对酸雨的贡献正在逐年上升。由于我国多燃煤，所以我国的酸雨以硫酸型酸雨为主，多燃石油的国家则以硝酸雨为主。

酸雨的危害有：①酸雨可以导致土壤酸化。酸雨能加速土壤中含铝的矿物风化而释放大量的铝离子，形成植物可吸收的铝化合物，导致植物中毒甚至死亡。酸雨还能加速土壤中的营养元素钾、钠、钙、镁的流失，从而使土壤变得贫瘠。②酸雨使湖泊、河流酸化并溶解土壤和水体底泥中的重金属进入水中，毒害鱼类，造成鱼类死亡。酸雨在国外被称为"空中死神"，可对森林植物产生很大危害，还能诱发植物的病虫害，使农作物大幅度减产。③酸雨能加速建筑物和文物古迹的腐蚀和风化过程，加速金属腐蚀，使其出现空洞和裂缝，如损坏桥梁。④酸雨可使儿童免疫功能下降，增加儿童慢性咽炎、支气管哮喘的发病率，同时可以使老年人眼部、呼吸道的患病概率增加。

由于二氧化硫和氮氧化物的排放量日渐增多，酸雨的问题越来越突出。中国已是仅次于欧洲和北美的第三大酸雨区。我国酸雨主要是硫酸型，酸雨区覆盖面积大，主要集中在三个区域：华中酸雨区目前已成为全国污染范围最大、中心强度最高的酸雨污染区；西南酸雨区是仅次于华中酸雨区的降水污染严重区域；华东沿海酸雨区的污染强度低于华中、西南酸雨区。

防治酸雨是一个国际性的环境问题，不能依靠一个国家单独解决，全球各国必须共同采取对策，减少硫氧化物和氮氧化物的排放量。具体措施包括：开发新能源，如氢能、太阳能、水能、潮汐能、地热能等；使用燃煤脱硫技术，减少二氧化硫排放；工业生产排放的污染气体净化后再排放到大气中；少开车，多乘坐公共交通工具，绿色出行；使用天然气等较清洁的能源，少用煤。

另外，大气污染也会影响工业生产，这些危害可影响经济发展，造成大量人力、物力和财力的损失。大气污染物对工业的危害主要有两种：一是大气中的酸性污染物和二氧化硫、二氧化氮等对工业材料、设备和建筑设施有腐蚀；二是飘尘增多给精密仪器、设备的生产、安装调试和使用带来不利影响。从经济角度来看，大气污染对工业生产的危害有增加生产的费用、提高成本、缩短产品的使用寿命等。

第五节　大气污染的防治

我国目前的大气污染状况不容乐观，主要的大气污染形式为煤烟型污染。城市大气环境的主要污染表现包括：二氧化硫、总悬浮颗粒物浓度较高，机动车污染物排放量增多，氮氧化物污染日趋严重，已形成多个酸雨区。生产、生活用煤是我国大气污染产生的主要原因，而二氧化硫、烟尘是主要污染物。此外，我国大气污染状况受到当地地理、气象条件、工业污染等因素的影响，具有明显的时空分布特征。从季节上讲，污染最为严重的是冬季，其次分别为春季、秋季和夏季。

一、大气污染防治的原则

大气环境保护事关人民群众根本利益，事关经济持续健康发展，事关全面建成小康社会，事关实现中华民族伟大复兴中国梦。当前，我国大气污染形势严峻，以可吸入颗粒物（PM10）、细颗粒物（PM2.5）为特征污染物的区域性大气环境问题日益突出，损害着人民群众身体健康，影响了社会和谐稳定。随着我国工业化、城镇化的深入推进，能源资源消耗持续增加，大气污染防治压力持续加大。

我国的大气污染防治原则如下。

1. 坚持人民健康权利保障原则

大气污染防治的目的在于保护和改善环境。保障公众健康，推进生态文明建设，促进经济社会可持续发展。这是防治大气污染的首要原则。

2. 防治结合、以防为主原则

防治大气污染应当以改善大气环境质量为目标，坚持源头治理，实施全过程控制，规划先行。应当加强对燃煤、工业、机动车船、扬尘、农业等大气污染的综合防治，推行区域大气污染联合防治，对颗粒物、二氧化硫、氮氧化物、氨等大气污染物和温室气体实施协同控制。

3. 推行清洁生产

工业生产过程排放的污染物是产生大气污染的重要原因，调整产业结构、改变生产工艺是当务之急。在生产过程中，采用清洁能源和原料、采用清洁的生产工艺才能制造出清洁的产品，才能减少污染物的排放，提高资源利用率，降低处理费用，有利于促进经济增长。

4. 技术措施与管理措施相结合

大气污染综合防治一定要管治相结合，污染治理固然重要，但对于我国很多不发达地区、技术条件落后的地区而言，通过加强环境管理来解决大气污染问题显得更为重要。根据工业污染源调查显示，由于管理不善、技术不合理造成的大气污染物排放约占污染物排放量的 50%，因而上述地区应在环境管理方面加大投入力度。

5. 权利义务相一致原则

企业、人民群众在享受环境权利的同时应当加强大气环境保护意识，自觉节能减排，自觉履行大气环境保护义务。要呼吁市民自觉履行环保义务，为大气污染防治工作添加正能量。

我国大气污染防治任务繁重艰巨，要坚定信心、综合治理，突出重点、逐步推进，重在落实、务求实效。各地区、各有关部门和企业要紧密结合实际，狠抓贯彻落实国家环境安全大政方针，确保空气质量改善目标如期实现。

二、颗粒态污染物的防治

我国能源的 70% 来源于煤炭，相对于天然气和石油等清洁能源，煤炭的燃烧会产生大量的粉尘颗粒物，如果含尘烟气处理不达标或者直接排放会带来严重的大气污染。为了遏制日益严重的空气污染现象，国家相继修订了各种政策法规，2014 年修订通过的《中华人民共和国环境保护法》对环境保护工作提出了更高的要求，新标准对烟尘等污染因子的排放进行了更加严格的限制。

目前，对于颗粒态污染物的去除，市场上应用最广泛的是袋式除尘器和电除尘器。

1. 袋式除尘器

袋式除尘器是将含尘气体以一定速度进入滤袋，通过滤袋的过滤作用将粉尘从气体中分离出来，洁净气体达标排放。粉尘通过滤袋时，会在惯性碰撞、拦截、扩散和静电等作用下在滤袋表面形成粉尘层，通常称为粉尘初层。粉尘初层是布袋除尘器的主要过滤层，粉尘初层的变化会对袋式除尘器的除尘效率产生重要的影响：对于新鲜滤料（如新的布袋刚装好的时候）除尘效率较低，这时滤料的作用是形成粉尘初层并且起到支撑它的骨架作用；粉尘初层形成后成为袋式除尘器的主要过滤层，提高了除尘效率；随着粉尘在滤袋上积聚得越来越多，滤袋两侧的压力差会逐渐增大，可能会把已经附着在滤料上的细小粉尘挤压过去，使除尘效率下降；除尘器压力过高时还会使处理的气量显著下降；除尘器阻力达到一定数值后要及时清灰，但不能破坏粉尘初层。

袋式除尘器主要有机械振动清灰、逆气流清灰和脉冲喷吹清灰 3 种清灰方式：①机械振动清灰是靠机械力使滤袋摆动，促使粉尘层破碎而落入灰斗中进行收集，如偏心轮振动清灰是靠偏心轮振动产生机械力进行清灰。机械清灰的优点是性能稳定、清灰效果好，缺点是滤袋损坏较快、检修、更换工作量大。②逆气流清灰是采用与正常过滤时气流方向相反的气流进行清灰，此时滤袋变形，沉积在滤袋内表面的颗粒层破坏、脱落，进入灰斗。逆气流清灰的特点是结构简单，清灰效果好，滤袋磨损少，特别适用于粉尘黏性小的玻璃纤维滤袋。③脉冲喷吹清灰的特点是可以实现全自动清灰，净化效率高，过滤负荷高，滤袋磨损少，运行安全可靠，应用广泛。

袋式除尘器广泛应用于各种工业废气除尘中，属于高效除尘器，除尘效率大于99%，对细颗粒物有很强的捕集作用，对颗粒物及气体流量适应性强，同时便于回收干料。但袋式除尘器不适合含油、含水及黏结性粉尘的去除，同时不适合处理高温含尘气体。

2. 电除尘器

我国一半以上的煤炭用于火力发电,现有的火力发电厂90%以上都配有电除尘器。电除尘器广泛应用于电力、冶金、建材、化工等行业,是净化含尘气体最有效的环保设备之一。

电除尘器首先需要高压电源产生不均匀电场,继而引发气体电离产生电晕区,粉尘通过电晕区时,由于粉尘相对于电子和离子尺寸要大得多,电子、离子运动过程中会与粉尘碰撞从而使粉尘荷电,这是电除尘器除尘的第一个步骤——粒子荷电;粉尘带电后会在电场的作用下进行迁移运动,从而到达另一个电极(也就是集尘板),这是电除尘的第二个步骤,即带电粒子的迁移和捕集;集尘板上的粉尘越积越多,会使除尘效率下降,这时需要将粉尘层清除,这是电除尘的第三个步骤,即被捕集粉尘的清除。综上所述,放电区域中的粉尘通过粒子荷电、带电粒子的迁移和捕集、被捕集粉尘的清除3个步骤进行除尘。当集尘板上的粉尘层达到一定厚度后除尘效率会下降,要及时进行清灰,主要通过由机械撞击或电极振动产生的振动力振打电极,使粉尘依靠重力作用落入灰斗。现在的电除尘器大都采用电磁振打或锤式振打来清灰。

电除尘器除尘效率高,可达到99%以上,电场的作用力直接作用在粒子上而不是气流上,所以阻力损失小,还能处理气量大、温度高、含腐蚀性粉尘的烟气。而且电除尘器运行费用低,对不同粒径的粉尘可以进行分类捕集,还适合于高温、高压的场合。但电除尘器一次投资大,应用范围受粉尘与电阻的限制,对制造、安装和操作水平要求较高,且对钢材的消耗比较大。

三、气态污染物的防治

1. 吸收法

吸收法是采用适当的吸收剂使含有有害物质的废气与吸收剂接触,废气中的有害物质被吸收于吸收剂中从而使气体得到净化的方法。根据是否有化学反应,吸收可分为物理吸收和化学吸收。在处理气体量大、有害组分浓度低的废气时,采用化学吸收的效果要好于物理吸收。

废气中的二氧化硫可以用氨水吸收法进行吸收,氨水与烟气中的二氧化硫反应会生成亚硫酸铵、亚硫酸氢铵:

$$2NH_3 \cdot H_2O + SO_2 \rightarrow (NH_4)_2SO_3 + H_2O$$
$$(NH_4)_2SO_3 + SO_2 + H_2 \rightarrow 2NH_4HSO_3$$

可通过不同方法回收副产物中的硫酸氢铵、石膏或单体硫等。

吸收法具有设备简单、捕集效率高、应用范围广、一次性投资低等特点,被广泛应用于二氧化硫、氮氧化物、氯化氢等气态污染物的吸收。但吸收法是将气体污染物转移到吸收液中,因此要对吸收液进行二次处理,否则会造成二次污染。

2. 吸附法

吸附法是利用使废气中的有害气体与多孔性固体吸附剂充分接触,将废气中的有害气体吸附到吸附剂表面,使污染物与气体分离,达到净化效果。当吸附一定时间后,吸附剂达到饱和,使用一定技术将污染物从吸附剂上解脱下来,这个过程称为再生。再生后的吸附剂可以再投入使用，继续吸附有害气体。

废气中的挥发性有机物（VOCs）就可以利用吸附法进行处理。普通意义上的 VOCs 就是指挥发性有机物；但环保意义上的定义是指活泼的一类挥发性有机物，即会产生危害的那一类挥发性有机物。如某包装行业原来年产生 1.1t VOCs，采用活性炭吸附后每年减少排放 0.9t，产生了巨大的环境效益。

吸附法净化的效率高，特别是对低浓度有害气体具有较强的净化能力。吸附法一般用于深度净化过程或作为其他工艺过程处理后的最终处理手段。吸附效率会随着吸附时间的延长而下降，因此有必要对吸附饱和后的吸附剂进行再生，再生方法的选择与吸附剂和吸附质的种类有关，再生后的吸附剂性能会有一定程度的下降，从而限制了吸附法的广泛应用。

3. 催化法

催化法是指气态污染物在催化剂的作用下，转化为无害或易于去除的物质的一种方法。治理过程中无需将污染物与主气流分离，可直接将主气流中的有害气体转化为无害物质，避免了二次污染。

例如采用选择性催化技术去除氮氧化物，在催化剂的作用下，还原剂选择性地与废气中的氮氧化物发生化学反应生成氮气，常用的还原剂有氨气和硫化氢等。此方法技术成熟、效率高，广泛应用于硝酸尾气和燃烧烟气的净化领域，但催化法所用催化剂价格较高，操作条件严格，催化剂的再生和回收比较困难。

工农业生产、交通运输和人类活动产生的气态污染物种类繁多，一种技术往往不能达到较好的处理效果，需采用多种技术联合处理，才能实现废气的达标排放。

四、实例

1. 汽车尾气治理技术

截至 2018 年底，全国汽车保有量达 2.4 亿辆，比 2017 年增加 2285 万辆，增长 10.51%。从车辆类型看，小型载客汽车保有量达 2.01 亿辆，首次突破 2 亿辆，比 2017 年增加 2085 万辆，增长 11.56%，是汽车保有量增长的主要组成部分；私家车（私人小微型载客汽车）持续快速增长，2018 年保有量达 1.89 亿辆，近 5 年年均增长 1952 万辆；载货汽车保有量达 2570 万辆，新注册登记 326 万辆，再创历史新高。

汽车工业的快速发展和机动车保有量的持续上升在给人们生活带来便利的同时，汽车尾气对于空气污染的问题也越来越严重。汽车尾气中含有一氧化碳、碳氢化合物、氮氧化物、醛、铅、苯并芘、二氧化碳、颗粒物等多种有害物质。

汽车尾气净化技术包括发动机的内净化和外净化。前者是使排出的部分废气再次燃烧以减少废气中的有害物质；后者是安装尾气催化净化器，从内燃机排出的一氧化碳、碳氢化合物和氮氧化物等废气通过催化净化器转化为二氧化碳、氮气和水。

（1）内净化技术

内净化技术主要降低尾气中有害物质的含量，内净化技术主要有：①电控点火系统的应用。电控点火系统在汽车发动机内部控制中提供充足的点火能量，保障准确点火，避免汽车因点火问题产生污染。通过控制点火，完善电控点火系统在发动机中的应用，提供最佳点火状态，降低一氧化碳、碳氢化合物等的排放量。②可变进气管道。改进进气管道的供气效率能够促进完全燃烧，可变进气管道能够适度控制进气管，利用可变进气过程中的波动条件可优化进气管道的工作状态，实现充分燃烧。

（2）外净化技术

尾气产生后，利用净化技术治理汽车尾气，可实现安全排放，降低汽车尾气对大气环境的破坏性。①过滤与再生。过滤与再生是尾气净化技术的基础部分，由过滤和再生装置构成，主要净化汽车尾气中的颗粒。尾气净化中的过滤装置可排除尾气中的特定颗粒，吸附含有毒害物质的烟气，以免其排放到大气中，过滤装置的吸附效率高达80%。②三元催化。利用催化还原的方式将有毒的氮氧化合物转化成没有危害的氮气和氧气，再次利用导管将氧气重新输送到发动机耗氧环节。根据试验分析，当空燃比控制在14.6:1内时，催化转化的效率可以提高到90%，大大提高了尾气净化的水平。

2. 氮氧化物治理技术

燃料在燃烧过程中会生成大量氮氧化物。大气中的氮氧化物溶于水后会成为硝酸雨，硝酸雨会对环境带来广泛的危害，造成巨大的经济损失，如腐蚀建筑物和工业设备；破坏露天的文物古迹；破坏植物叶面，导致森林死亡；使湖泊中鱼虾死亡；破坏土壤成分，使农作物减产甚至死亡；饮用酸化物造成的地下水对人体有害等。同样的酸浓度下硝酸雨对树木和农作物的损害是硫酸的2倍。

下面以催化还原法为例介绍氮氧化物的治理技术。

催化还原法是在催化剂作用下，利用还原剂将 NO_X 还原为无害的 N_2。这种方法虽然投资和运转费用高，且需消耗氨和燃料，但由于对 NO_X 处理效率很高，设备紧凑，故在国外得到了广泛应用。催化还原法分为选择性非催化还原法和选择性催化还原法。

（1）选择性非催化还原技术

该技术是在不采用催化剂的前提下，还原剂与废气中的氮氧化物发生反应生成氮气的过程。这里的还原剂主要有氨和尿素。该技术最初由美国的 Exxon 公司发明并于 1974 在日本成功投入工业应用，后经美国 Fuel Tech 公司推广，目前美国是世界上应用这种技术实例最多的国家。

以氨为还原剂还原氮氧化物的化学反应为：

$$4NH_3 + 4NO + O_2 \rightarrow 4N_2 + 6H_2O$$
$$4NH_3 + 2NO + 2O_2 \rightarrow 3N_2 + 6H_2O$$
$$8NH_3 + 6NO_2 \rightarrow 7N_2 + 12H_2O$$

以尿素作为还原剂还原氮氧化物的主要化学反应为：

$$(NH_2)_2CO \rightarrow 2NH_2 + CO$$
$$NH_2 + NO \rightarrow N_2 + H_2O$$
$$CO + NO \rightarrow N_2 + CO_2$$

该技术还原 NO 的反应对温度条件非常敏感，炉膛上喷入点的选择即温度窗口的选择是该技术还原 NO 效率高低的关键。一般认为理想的温度范围为 $850 \sim 1100℃$，反应温度随反应器类型的变化而有所不同。当反应温度低于温度窗口时，由于停留时间的限制，化学反应往往进行得不够充分，造成 NO 的还原率较低，同时未参与反应的 NH_3 增加也会造成氨气的逃逸，氨气遇到 SO_2 会产生 NH_4HSO_4 和（NH_4）$_2SO_4$，易造成空气预热器堵塞并有腐蚀的危险。反之，当反应温度高于温度窗口时，氨的分解会使 NO_X 的还原率降低。

（2）选择性催化还原技术

该技术是指在催化剂的作用下，利用还原剂（氨、尿素）"有选择性"地与烟气中的 NO_X 反应并生成无毒无污的 N_2 和 H_2O。该技术首先由美国的 Engelhard 公司发现并于 1957 年申请专利，后来日本在该国环保政策的驱动下成功研制出了现今被广泛使用的 V_2O_5/TiO_2 催化剂，并分别在 1977 年和 1979 年在燃油和燃煤锅炉上成功投入商业运用。该技术对锅炉烟气 NO_X 的控制效果十分显著，技术较为成熟，目前已成为世界上应用最多、最有成效的一种烟气脱硝技术。SCR 工艺在合理的布置及温度范围下脱除率可达 80% ~ 90%。在我国，利用 SCR 工艺进行烟气脱硝的工作才刚刚起步。

以氨为还原剂还原氮氧化物的化学反应为：

$$4NO + 4NH_3 + O_2 \rightarrow 4N_2 + 6H_2O$$

$$6NO + 4NH_3 \rightarrow 5N_2 + 6H_2O$$

$$6NO_2 + 8NH_3 \rightarrow 7N_2 + 12H_2O$$

$$2NO_2 + 4NH_3 + O_2 \rightarrow 3N_2 + 6H_2O$$

以尿素作为还原剂还原氮氧化物的主要化学反应为：

$$2（NH_2）_2CO + 4NO + O_2 \rightarrow 4N_2 + 2CO_2 + 4H_2O$$

$$2（NH_2）_2CO \rightarrow NH_3 + HNCO$$

$$4HNCO + 6NO \rightarrow 5N_2 + 2CO_2 + 4H_2O$$

我国第一家采用选择性催化还原技术脱硝系统的是福建漳州后石发电厂，该发电厂 600MW 机组采用日立公司的选择性催化还原烟气脱硝技术，总投资约为 1.5 亿元人民币。除了一次性投资外，该工艺的运行成本也很高，其主要表现在催化剂的更换费用高、还原剂（液氨、氨水、尿素等）消耗费用高等。

蓝天白云是广大人民群众对生态文明最质朴的理解。天空没有蓝天白云，全面建成小康社会、建设生态文明的美丽中国、实现中华民族复兴的中国梦就无从谈起。必须通过大气污染综合治理这个突破口，大力推进生态文明建设。

？ 复习思考题

1. 什么是大气污染？主要的大气污染物有哪些？大气污染源有哪些？
2. 大气污染产生的危害有哪些？
3. 温室气体有哪些？引起臭氧层破坏的物质有哪些？酸雨的基本成分有哪些？
4. 伦敦烟雾和光化学烟雾形成条件是什么？
5. 全球变暖可能产生哪些影响？
6. 什么是空气质量指数？
7. 什么是逆温？逆温的形式有哪些？
8. 大气污染治理技术有哪些？列举两种并说明其主要原理。

第四章 土壤污染及修复

第一节 土壤的结构与性能

土壤是由裸露在地表的岩石矿物经过自然和人为因素作用，发生一系列的物理、化学及生物变化而形成的产物。土壤是独立的，但不是孤立的，它介于大气圈、岩石圈、水圈和生物圈之间，是环境中特有的组成部分。它提供陆生植物的营养和水分，是植物进行光合作用、能量交换的重要场所。土壤具有天然肥力和生长植物的能力，为作物生长提供水、空气和养分，保证人类获得必要的粮食和原料，是农业发展和人类生存的物质基础，因此，土壤与人类生产活动有着紧密的联系。可以说，土壤是绝大多数动、植物和微生物赖以生存、繁衍的物质基础，也是人类赖以生存的基础和活动场所。

一、土壤的组成

自然界的土壤是由矿物质与有机质（土壤固相）、土壤空气（土壤气相）和土壤溶液（土壤液相）组成的。土壤中这三类物质构成了一个矛盾的统一体，它们互相联系，互相制约，为作物提供必需的生活条件，是土壤肥力的物质基础。

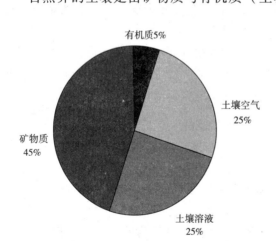

图 4 - 1 土壤组成

通常情况下，土壤都是固体状态的，这些固体物质包括矿物质、有机质还有细菌微生物等，占土壤总体质量的 90% ~ 95%，其中，有机质是土壤形成的主要标志。土壤溶液是指土壤中的水分及其溶解物，常见的气态组成如 N_2、O_2、CO_2、水蒸气构成了土壤的气相部分，即土壤空气。

图 4 - 1 是典型的土壤组成成分，其中气相部分的空气占 25%，液相部分的溶液占 25%，固相部分的矿物质约占 45%，有机质占 5% 左右。

二、土壤的结构和性质

1. 土壤的结构

土壤结构就是土壤颗粒的排列与组合形式，是在成土过程中由物理的、化学的和生物的多种因素综合作用而形成的。

对土壤进行纵向剖面，从宏观分布位置上看，土壤结构可分为表土层、心土层和底土层，其中，表土层是农业耕作层，也称为淋溶层，是土壤的最上层，是小型植物的根系所在地。表土层中的腐殖质由腐败的有机质组成，为植物的养分来源。心土层就是生土层，是土壤剖面的中层，是由承受表土淋溶下来的物质形成的，心土层具有很强的保水保肥能力，其中小型植物根系的20%~30%分布在这一层次。底土层也叫作母质层，该层在土壤中不受耕作影响，是完全保持土壤母质特点的一层。

土壤结构可以从不同角度进行分类。按照外观形状分，土壤结构可以分为球状、块状、片状和柱状；按土壤颗粒大小、发育程度以及土壤的稳定性可以继续细分为团粒、团块、块状、棱块状、棱柱状、柱状和片状等，这些都是土壤结构的具体表现形式。由于多数土壤团聚体的体积较单个土粒更大，所以它们之间的孔隙往往也比砂、粉砂和黏粒之间的孔隙大得多，从而可以促进空气和水分的运动，并为植物根系的伸展提供空间，为土壤动物的活动提供通道。由此可见，土壤结构的重要性在于它能够改变土壤的质地。

在各种土壤结构中，球状团粒结构对土壤肥力的形成具有最重要的意义。这种结构是最适宜植物生长的土壤类型，在某种程度上标志着土壤肥力的水平和利用价值。同时，这种结构能调节土壤温度，改善土壤的温度状况，并能改良土壤的可耕性，改善植物根系的生长伸长条件。

土壤结构和土壤质地状况有密切的关系，土壤质地对土壤生产性状的影响往往也通过土壤结构表现出来，质地过砂或过黏的土壤往往结构不良。

2. 土壤的质地

土壤是由粗细大小不等的土壤颗粒组成的，不同颗粒按不同比例的组合称为土壤质地。表4-1是国际土壤质地分类标准，根据这个标准，结合土壤中各种粒级的质量分数组成，可以把土壤划分为若干类别，如砂粒含量85%以上的土质为黏土类，砂粒含量50%左右的土质为壤土类，砂粒含量30%以下的土质为黏土类。不同质地的土壤呈现出不同的颜色、形状、性质、肥力、土壤密度、黏结性和黏着性等。

表4-1   土壤质地分类标准

质地分类		各粒级含量/%		
类别	名称	黏粒<0.002mm	粉砂粒0.002~0.02mm	砂粒0.02~2mm
砂土类	砂土	0~15	0~15	85~100
	砂质壤土	0~15	0~45	55~85
壤土类	壤土	0~15	35~45	40~55
	粉砂质壤土	0~15	45~100	0~55

续表

质地分类		各粒级含量/%		
类别	名称	黏粒 < 0.002mm	粉砂粒 0.002 ~ 0.02mm	砂粒 0.02 ~ 2mm
黏壤土类	砂质黏壤土	15 ~ 25	0 ~ 30	55 ~ 85
	黏壤土	15 ~ 25	20 ~ 45	30 ~ 55
	粉砂质黏壤土	15 ~ 25	45 ~ 85	0 ~ 40
黏土类	砂质黏土	25 ~ 45	0 ~ 20	55 ~ 75
	壤质黏土	25 ~ 45	0 ~ 45	10 ~ 55
	粉砂质壤土	25 ~ 45	45 ~ 75	0 ~ 30
	黏土	45 ~ 65	0 ~ 35	0 ~ 55
	重黏土	65 ~ 100	0 ~ 35	0 ~ 35

土壤质地是土壤的最基本物理性质之一，对土壤的各种性状如土壤的通透性、保蓄性、耕性以及养分含量等都有很大的影响，是评价土壤肥力和作物适宜性的重要依据。不同的土壤质地往往具有明显不同的农业生产性状，了解土壤的质地类型对农业生产具有指导价值。

3. 土壤的性质

土壤圈是由固、液、气多相物质、多层次组成的疏松多孔的复杂体系。各地土壤的质地相差很大，其化学组成和理化性质有很大差异。土壤的典型化学性质主要有酸碱性、氧化还原性、吸附性等。

（1）酸碱性

土壤酸度是由 H^+ 引起的，而土壤碱度则与 OH^- 的数量有关。H^+ 浓度超过 OH^- 浓度的土壤溶液呈酸性；OH^- 浓度超过 H^+ 浓度的土壤溶液呈碱性；如果两种离子的浓度相等，土壤溶液则呈中性。通常所说的土壤呈酸性，是指土壤相处于平衡状态时，土壤溶液中游离 H^+ 浓度反映出酸度，通常用 pH 表示。土壤的碱性主要来自土壤中钙、镁、钠、钾的重碳酸盐、碳酸盐及土壤胶体上交换性 Na^+ 的水解作用。

土壤酸碱性是影响、调节和控制土壤圈物质迁移转化的重要因素，是土壤的重要理化性质之一，一般将土壤酸碱性分为：pH < 4.5 为极强酸性土；pH = 4.5 ~ 5.5 为强酸性土；pH = 5.5 ~ 6.0 为酸性土；pH = 6.0 ~ 6.5 为弱酸性土；pH = 6.5 ~ 7.0 为中性土；pH = 7.0 ~ 7.5 为弱碱性土；pH = 7.5 ~ 8.5 为碱性土；pH = 8.5 ~ 9.5 为强碱性土；pH > 9.5 为极强碱性土。

土壤的酸碱性是土壤在形成过程中受生物、气候、地质、水文等因素综合作用的结果。我国土壤的 pH 大多在 4.5 ~ 8.5，并呈东南酸、西北碱的规律。

（2）氧化还原性

由于土壤中存在着多种氧化性和还原性无机物质及有机物质，因此土壤具有氧化性和还原性。土壤的氧化还原性也是土壤溶液的一项重要性质，对在土壤剖面中的移动和表面分异、养分的生物有效性、污染物质的缓冲性能等方面都有深刻的影响。

土壤中的氧化作用主要由游离态氧、少量的 NO_3^- 和高价金属离子如 Mn^{4+}、Fe^{3+} 等引起，它们是土壤溶液中的氧化剂，其中最重要的氧化剂是游离态的氧气。当土壤空气与大气进行自由交换时，氧是决定氧化强度的主要气体，因为氧气在氧化有机质时本身被还原为水：$O_2+4H^++4e\rightarrow2H_2O$。而在淹水的条件时，大气氧向土壤的扩散受到限制，此时其他氧化态较高的离子或分子将充当氧化剂。

土壤中的还原作用是由有机质的分解、微生物活动、低价铁和其他低价化合物引起的，其中最重要的还原剂是有机质。在适宜的温度、水分和 pH 等条件下，有机质的还原能力很强，对氧气的需求量非常大。

一般来说，氧化态物质有利于植物的吸收利用，而还原态物质不但会降低植物吸收利用的有效性，甚至会对植物产生毒害。

（3）吸附性

土壤胶体具有巨大的比表面积，使其具有吸附养分和水分的能力，这是土壤具有肥力和保持肥力的主要物质基础。

土壤中胶体物质含量越多，其包含的比表面积就越大。据估算，在 $10^4 m^2$ 的土地面积上，如果 20cm 深的土层内含直径为 $1\mu m$ 的黏粒占 10%，则黏粒的总面积将超过 $7\times10^8 m^2$。

三、土壤的自净作用和土壤环境容量

1. 土壤自净

土壤自净是指在自然因素作用下，通过土壤自身的作用，使污染物在土壤环境中的数量、浓度或形态发生变化，降低其活性、毒性的过程。土壤自净按照不同的作用机理可划分为物理自净作用、物理化学自净作用、化学自净作用和生物自净作用。

（1）物理自净

物理自净包括污染物在土壤中的挥发、扩散和稀释作用，例如喷洒残留在土壤表面的农药通过挥发、扩散进入大气中，使土壤中农药的含量下降，对于土壤环境而言这就是物理自净过程。

这些物理过程只是将污染物分散、稀释和转移，并没有将它们降解消除，所以物理自净过程不能降低污染物总量，还可能使其他环境介质受到污染。

（2）化学自净

化学自净包括污染物在土壤中可能发生的氧化还原、沉淀、螯合和酸碱中和作用，或者使污染物转化成难溶性、难解离性物质，使其危害程度和毒性减少或者分解为无毒物或营养物质。例如，化肥中的重金属可能与土壤中的有机质发生螯合，降低重金属在土壤中的迁移过程，降低重金属进入农作物的概率，进而减小对人类的危害，这就是土壤环境的化学自净过程。

酸碱反应和氧化还原反应在土壤化学自净过程中起主要作用，许多重金属在碱性土壤中容易沉淀。在还原条件下，大部分重金属离子能与硫形成难溶性硫化物沉淀，从而降低污染物的毒性。

（3）物理化学自净

物理化学自净包括污染物的吸附与解吸、离子交换作用等。比如，施用化肥时残留在土壤表面的重金属可能被土壤胶体粒子吸附交换到土壤胶粒内部，从而使土壤溶液中的重金属离子浓度下降，减少农作物对重金属的吸收，这是土壤环境的物理化学自净过程。

但是，这些物理化学自净过程只能使污染物在土壤溶液中的离子浓（活）度降低，相对地减轻危害，而并没有从根本上消除土壤环境中的污染物。经交换吸附到土壤胶体上的污染物离子，还可能被交换能力更大的或浓度较大的其他离子交换下来，重新转移到土壤溶液中去，又恢复原来的毒性、活性。所以，物理化学自净作用只是暂时的、不稳定的。同时，对土壤本身来说，物理化学自净过程是污染物在土壤环境中的积累过程，长期积累将产生严重的潜在威胁。

（4）生物自净

生物自净主要指的是生物体如微生物或植物对生命必需元素的选择性吸收，以及对污染元素的被动吸收，比如，残留在土壤中的农药可能在植物根系微生物的作用下发生分解反应而使污染物浓度降低，危害下降，这是土壤环境的微生物净化过程。

由于土壤中的微生物种类繁多，各种有机污染物在不同条件下的分解形式也多种多样，主要通过氧化、还原、水解、破环等作用最终转化为对生物无毒的残留物和二氧化碳。在土壤中，某些无机污染物也可以通过微生物的作用发生一系列的变化而降低活性和毒性，但是微生物不能净化重金属，反而有可能使重金属在土壤中富集，重金属是土壤环境最危险的污染物。

2. 土壤环境容量

土壤环境容量，简单来讲就是土壤环境所能容纳污染物的最大负荷，当然，这必须满足一定的前提条件，比如，土壤环境单元在一定时限内要遵循环境质量标准，既维持土壤生态系统的正常结构与功能，保证农产品的生物学产量与质量，又不使土壤环境系统遭受污染。

土壤环境容量是制定有关土壤环境标准的重要依据，通常情况下，同一土壤对不同污染物的环境容量不同，不同土壤对同一污染物的环境容量也有差异。对于毒性大的物质比如重金属镉，土壤对其的环境容量就很小，其范围是 0.2～1mg/kg；再比如，广泛使用的除草剂阿特拉津，土壤对其的环境容量更小，只有 0.1mg/kg；而对于一般性污染物比如石油烃，土壤对其环境容量就较大，其范围是 300～500 mg/kg。由此可见，尽管土壤环境具备一定的自然净化能力，但是污染物的浓度超过土壤环境容量的限制时将对农作物产生危害，进而危害食品安全和人体健康。

第二节　土壤健康与食品安全

有害物质进入土壤后，如果其数量或浓度超过土壤的自然本底含量和土壤自净能力的限度，就会在土壤里累积，使土壤理化性质发生变化，从而影响农作物生长，并使有害物质在农作物内残留或积累。当进入土壤的污染物不断增加，致使土壤结构严重破坏，土壤微生物和小动物会减少或死亡，这时农作物的产量会明显降低，收获的作物内的毒物残留量很高，必然影响食品的质量安全。

2017 年 11 月，全国食品安全工作现场会在北京召开，国务院食品安全委员会副主任汪洋强调：食品安全是人民日益增长美好生活需要的基本要求。

一、土壤健康

关于土壤健康，首先了解两个典型的案例。第一个案例是意大利的一个葡萄园，园龄 16 年，曾经是一块贫瘠的土地，园主是一个 70 多岁的意大利农民，收获季节葡萄园挂满葡萄，销售商进行自采，约 70% 的葡萄进入销售，余下 30% 的葡萄连同落叶等埋入园中作为肥料。第二个案例是国内顺德的一个菜地，顺德作为曾经的鱼米之乡，一块 $2 \sim 3 m^2$ 的菜地竟然生产不出 $1.5 \sim 2.0 kg$ 的蔬菜。通过研究发现，前者土壤极为疏松，轻轻一挖便可以看到充满活力的葡萄根，而后者土壤极为板结，主根系竟然长不过 5cm。葡萄丰收且好吃是因为有健康的田地，要想吃上绿色蔬菜，就需要健康的土壤。

土壤健康是土壤质量的本质反映。根据美国土壤学会的规定，土壤质量就是在自然或管理的生态系统边界内，土壤具有动植物生产持续性，保持和提高水、气质量以及支撑人类健康与生活的能力。

土壤质量可以通过 6 个方面体现，分别是土壤有机质、微生物、微量元素、土壤酸碱度、盐分和土壤中的有害物质。

（1）土壤中的有机质

有机质在土壤中的含量很少，但是，它对于土壤肥力、作物健康却有很大的影响，有机质的含量与土壤肥力水平呈正相关。有机质含量丰富的土壤往往表现为透水透气性好、供肥能力强、不容易出现板结以及盐渍化的特点。据调查，中国大多数土地的有机质含量为 0.7% ~ 1.2%，东北地区的"黑土地"有机质含量为 3% 左右，可见有机质的提升对于土壤的肥力至关重要。

（2）土壤中的微生物

作为土壤的活跃成分，土壤微生物通过代谢活动会促进氧气和二氧化碳的交换，其分泌的有机酸有助于土壤粒子形成大团粒结构，最终形成真正意义上的土壤。在农田中，微生物的作用尤为重要，杂草、作物的枯叶、杂草的烂根以及施入土壤中的粪便都需要微生物才可以腐烂分解，释放出养分，形成腐殖质，进而提高土壤肥力，改善土壤结构。

（3）土壤中的微量元素

蔬菜的产量和质量是由含量最少的养分决定的，也就是说如果土壤中有一种必需的营养元素缺乏，即使其他的营养物质再大量的补充也不会获得良好的收成。其实，农业生产时会发现，作物不健康往往是由其中某一个中量元素或微量元素缺失导致的。当作物的各种元素都有充足的补给时，健康的作物就会生产出优质的果实。可见，微量元素对粮食的产量和质量发挥着关键作用。

（4）土壤的酸碱度

每种作物都有自己喜欢的酸碱度，将南方的作物直接栽种在北方，即使将它放在温室中提供同等的热量，如果土壤还是北方的土壤，那么它就不会生长得很好。在酸性的土壤中，土壤中的磷酸容易和铁、铝结合成不溶物而被固定，影响蔬菜对磷的吸收；另外，酸性土壤中铜、锌、锰、硼等微量元素的溶解量是增大的，如果再增加微量元素比如肥料的加入，那么很可能使作物受害。

（5）土壤中的盐分

如果持续向土壤中施加化肥，那么化肥的残渣就会残留在土壤中，土壤全盐含量必会有所升高，将直接影响蔬菜根系的生长。

（6）土壤中的有害物质

土壤中既有各种养分、有益微生物，也有很多有害物质，如重金属等，重金属不仅会影响土壤微生物的活性，还会与某些元素产生拮抗作用，影响植物对某些元素的吸收。例如锌和镍会严重妨碍植物对磷的吸收，砷影响植物对钾的吸收。

二、食品安全

随着生活水平的提高，人们更关注"吃得安全"。根据定义，食品安全是"食物中有毒、有害物质对人体健康影响的公共卫生问题"。安全食品指食品无毒、无害，符合应当有的营养要求，对人体健康不造成任何急性、亚急性或者慢性危害。

当然，食品安全是一个全过程全方位的安全，既包括生产的安全，也包括经营的安全；既包括结果的安全，也包括过程的安全；既包括现实的安全，也包括未来的安全。

食品安全的质量要求有3个方面：①有营养价值，易吸收；②有较好的色、香、味和外观形状；③必须无毒、无害，无防腐剂，符合食品卫生质量要求。食品的安全要求由两个方面构成，一是量的安全，二是质的安全。量的安全是指能不能解决吃得饱的问题。质的安全是指确保食品消费对人类健康没有直接或潜在的不良影响，它是食品安全的重要部分。需要强调的是，食品污染是影响食品安全的主要问题之一。说到食品污染，就要从根本上关注农产品的质量与安全问题，就需要了解土壤健康与食品安全的内在关系。一般来讲，引发农产品质量不良的主要自然因素就是生态环境，即水、土、气、生等方面的污染是导致农产品品质不良的重要根源。以往人们关注的是"蓝天碧水"，认为只要天蓝、水碧，就能保证农业环境及其产品质量安全。但是，如果没有"净土"，土壤中的有害气体将影响大气，土壤中的有毒物质也会影响到水体，致使天不再蓝、水不再碧。因此，对农产品质量安全而言，净土、洁食、蓝天、碧水都是同等重要的战略性安全问题，食品安全与环境健康密切相关。由于土壤污染具有一定的隐蔽性，不像大气雾霾那样可感可见，所以，要保障"舌尖上的安全"，就必须从田间地头开始，把住生产环境安全关，治地治水，才能净化农产品产地环境，防止土壤污染。

第三节　土壤污染

一、土壤污染的概念

当土壤中含有害物质过多，超过土壤的自净能力时，就会引起土壤的组成、结构和功能发生变化，微生物活动受到抑制，降低作物产量和质量，有害物质或其分解产物在土壤中逐渐积累，通过粮食、蔬菜、水果等被人体吸收，达到危害人体健康的程度，就是土壤污染。

人为活动是造成土壤污染的主要原因，人类在生产和生活活动中产生的污染物通过各种途径进入人类赖以生存的土壤环境，例如废气中含有的污染物质特别是颗粒物在重力作用下沉降到地面进入土壤，废水中携带的大量污染物进入土壤，固体废物中的污染物直接进入土壤或通过渗滤液进入土壤。

土壤污染物大致可分为无机污染物和有机污染物两大类。无机污染物主要包括施肥、污水灌溉及固体废物堆放等过程产生的重金属（铜、汞、铬、镉、镍、铅等）盐类、酸和碱等。有机污染物主要包括向农作物喷洒的有机农药和污水灌溉等过程产生的酚类、油类、合成洗涤剂等。除了这两大类污染物之外，由城市污水、污泥及厩肥带来的有害微生物也是土壤污染的重要来源。

二、土壤污染的类型

1. 水污染型

用未经处理或未达到排放标准的生活污水和工业废水灌溉农田是污染物进入土壤的主要途径，约占土壤污染面积的80%。其特点是污染物集中于土壤表层，但随着时间的延长，某些可溶性污染物可由表层渐次向心土层、底土层扩展，甚至通过渗透到达地下潜水层。

生活污水和工业废水中含有氮、磷、钾等许多植物所需要的养分，所以合理地使用污水灌溉农田一般有增产效果。但污水中还含有重金属、酚、氰化物等许多有毒有害的物质，如果污水没有经过必要的处理直接用于农田灌溉，会将污水中有毒有害的物质带至农田，污染土壤。例如冶炼、电镀、燃料、汞化物等工业废水能引起镉、汞、铬、铜等重金属污染；石油化工、肥料、农药等工业废水会引起酚、三氯乙醛、农药等有机物的污染等。

2. 固废污染型

工农业废物和城市垃圾是土壤的固体污染物的主要来源。固体废物的堆积、掩埋、处理不仅直接占用大量耕地，而且通过降水淋溶、地表径流等过程，废物中的有害成分或直接危害土壤，或造成地下水污染。

在我国，各种农用塑料薄膜作为大棚、地膜覆盖物被广泛使用，如果管理、回收不善，大量残膜碎片就会散落田间，会造成农田"白色污染"。这些固体污染物既不易蒸发、挥发，也不易被土壤微生物分解，同时由于塑料的"阻挡"，使得农作物不能从土壤中吸收养分和水分，导致农作物大量减产甚至死亡。

3. 大气污染型

大气污染物通过干、湿沉降过程污染土壤。大气中的有害气体主要是工业中排出的有毒废气，随着降雨、自然沉降等过程进入土壤后会对土壤造成严重污染。

大气污染型的土壤污染物主要集中于土壤表层。例如，有色金属冶炼厂排出的废气中含有铬、铅、铜、镉等重金属，对附近的土壤造成重金属污染；生产磷肥、氟化物的工厂会对附近的土壤造成粉尘污染和氟污染。

4. 农业污染型

农业污染是指由于农业生产需要，在化肥、农药、垃圾堆肥、污泥的长期施用过程中造成的土壤污染。主要污染物为化学农药、重金属，以及氮、磷等富营养化污染物等，这类污染物主要集中于耕作表层。

农药和化肥使用得当可保证作物的增产，但如果施用不当则会引起土壤污染。例如喷施于作物体上的农药除部分被植物吸收或逸入大气外，约有一半进入农田，成为土壤农药污染的重要来源。农作物从土壤中吸收农药，在根、茎、叶、果实和种子中积累，通过食物、饲料危害人体和牲畜的健康。再比如长期大量使用氮肥会破坏土壤结构，造成土壤板结，影响农作物的产量和质量。

5. 综合污染型

土壤污染往往是多污染源和污染途径同时造成的，即某地区的土壤污染可能受大气、水、工农业废物、农药、化肥施用的综合影响所致，其中以某一种或两种污染影响为主，因此称为综合污染型。

三、土壤污染物

土壤污染物主要是指使农作物产量降低、质量下降并最终危害人体健康的物质。其来源极其广泛，主要包括来自工业和城市的废水和固体废弃物、农药和化肥、牲畜排泄物、生物残体以及大气沉降物等。另外在自然界某些矿床或元素和化合物的富集中心周围，矿物的自然分解与风化往往会形成自然扩散带，使附近土壤中某元素的含量超出一般土壤含量。

土壤污染物主要有以下几种。

1. 化学性污染物

（1）无机污染物

进入土壤的无机污染物包括对动植物有危害作用的元素和化合物，主要有 Hg、Cd、Cu、Zn、Cr、Pb、As、Ni、Co、Se 等重金属，Sr（锶）、Cs（铯）、U（铀）等放射性元素，N、P、S 等营养物质及其他无机物质如酸、碱、盐、氟化物等。

（2）有机污染物

土壤中的有机污染物主要是残存的有机农药，包括有机氮类、有机磷类、氨基甲酸酯类等。此外，石油、多环芳烃、多氯联苯、洗涤剂等也是土壤中常见的有机污染物。

2. 物理性污染物

物理性污染物主要包括来自工厂、矿山的固体废弃物如尾矿、废石、粉煤灰和工业垃圾等。在某些矿床或元素和化合物的富集中心周围往往会形成污染物的自然扩散带，使附近土壤中某些元素的含量超出土壤环境质量限定值，造成污染。

3. 生物性污染物

土壤中微生物的数量很大，1g 土壤中就有几亿到几百亿个。1m² 耕作层土壤中，微生物的质量可能就有几千克。土壤越肥沃，微生物越多。绝大多数土壤微生物对人类的生产和生活活动是有益的，土壤微生物也是地球生物圈的主要成员，主要担负着分解者的任务。

　　虽然土壤致病微生物的数量和种类占少数，但是它们对人类的健康能造成很大危害，所以往往是土壤生物污染关注的焦点。这些生物污染物来自带有病原体和各种致病菌的城市垃圾和由卫生设施排出的废水、废物和厩肥等。如畜禽粪便中的寄生虫、病原菌和病毒等均可引起土壤污染，引起植物体各种细菌性病原体病害，进而导致人体患有各种细菌性和病毒性的疾病，威胁人类生存。

　　这类生物污染物中致病细菌和病毒带来的危害较大。致病细菌包括来自城市生活污水和医院污水的各类细菌，以及随患病动物的排泄物、分泌物或其尸体进入土壤而传播疾病的病原菌。土壤致病病毒主要有传染性肝炎病毒、脊髓灰质炎病毒、肠细胞病变孤儿病毒和柯萨奇病毒等。

　　4. 放射性污染物

　　放射性污染物主要存在于核原料开采和大气层核爆炸地区，以^{90}Sr 和^{137}Cs 等在土壤中生存期长的放射性元素为主，但一些意外事故也是造成土壤放射性污染的重要原因。

　　2011 年 3 月 11 日，日本海域发生 9 级地震和巨大海啸，日本福岛核电站受此影响严重损毁，造成大量核物质泄漏，污染土壤。日本一名核能专家说，福岛第一核电站周边一些地区的土壤辐射污染程度与苏联切尔诺贝利事故的土壤辐射污染程度相当。日本原子能发电环境整备机构专家河田东海夫表示，福岛核电站西北大约 600km^2 地区的土壤中，放射性铯的活度可能为每平方米 148 万 Bq，达到切尔诺贝利核电站爆炸事故的人员强制疏散标准。核电站周边另一块 700km^2 区域的放射性铯活度可能为每平方米 55.5 万 ~148Bq，达到切尔诺贝利事故的人员临时疏散标准。河田东海夫说，福岛核事故受污染区域面积为切尔诺贝利事故的 1/10 ~1/5。

四、土壤污染的特点

　　土壤环境污染的特点有隐蔽性、累积性、滞后性、不可逆性和长期性的特点。

　　（1）隐蔽性、累积性和滞后性

　　土壤污染是污染物在土壤中长期积累的过程，土壤一旦污染很难直接判断，不像大气污染或水体污染那样容易为人们所觉察，一般要通过观测地下水的污染程度、农产品的产量及质量、土壤样品的分析化验和农作物的残留检测甚至通过研究对人畜健康状况的影响才能确定，因此，土壤污染从产生污染到出现问题通常会滞后较长的时间。如日本的痛痛病经过 10 ~20 年后才被人们所认识，这些现象体现了土壤污染具有隐蔽性、累积性和滞后性。

　　（2）不可逆性和长期性

　　污染物进入土壤环境后，便与复杂的土壤组成物质发生一系列迁移转化作用。多数无机污染物特别是金属和微量元素都能与土壤有机质或矿物质相结合，而且许多污染作用为不可逆过程，这样污染物最终形成难溶化合物沉积并长久保存在土壤中，很难使其离开土壤，例如，被某些重金属污染的土壤可能要 100 ~200 年的时间才能够恢复。因而，土壤一旦受到污染，仅仅依靠切断污染源的方法往往很难恢复，成为一种顽固的环境污染问题。我们对于土壤环境污染的不可逆性和长期性必须有足够充分的认识。

五、土壤污染的危害

随着现代工农业生产的发展，化肥、农药的大量使用，工业生产废水排入农田，固体废物的堆放和倾倒，大气污染物的沉降等环境污染物的增长数量和速度超过了土壤的承受容量和净化速度，从而破坏了土壤的自然动态平衡，使土壤质量下降，造成土壤污染。就其危害而言，土壤污染比大气污染、水体污染更为持久，其影响更为深远。

1. 土壤污染导致严重的直接经济损失

对于各种土壤污染造成的经济损失，目前尚缺乏系统的调查资料。仅以土壤重金属污染为例，全国每年因重金属污染减产粮食 1000 万 t 以上，另外被重金属污染的粮食每年多达 1200 万 t，合计经济损失至少 200 亿元。

2. 土壤污染导致生物品质不断下降

我国大多数城市的近郊土壤都受到了不同程度的污染，许多地方粮食、蔬菜、水果等食物中的镉、铬、砷、铅等重金属含量超标或接近临界值。

土壤污染除影响食物的卫生品质外，也明显地影响到农作物的其他品质。有些地区因污灌已经使得蔬菜的味道变差、易烂，甚至出现难闻的异味；农产品的储藏品质和加工品质也不能满足深加工的要求。

3. 土壤污染危害人体健康

土壤污染会使污染物在植（作）物体中积累，并通过食物链富集到人体和动物体中，危害人畜健康，引发癌症和其他疾病等。

例如，土壤受到了铅污染，在植物生长过程中，铅将在植物的叶片和果实中累积。这样，人在食用蔬菜和果实后铅就将随食品进入人体，其中有 5% ~10% 的铅将被人体吸收。长期摄入铅会引起人体内铅的蓄积，可导致红细胞中血红蛋白降低，出现贫血症，在重症铅中毒的情况下可引发中枢神经系统和周围神经的损伤。

4. 土壤污染导致生态问题

土地受到污染后，含重金属浓度较高的污染表土容易在风力和水力的作用下分别进入到大气和水体中，导致大气污染、地表水污染、地下水污染和生态系统退化等其他次生生态环境问题。

土壤中的蚯蚓能够吃土、吐土，净化土壤，蚯蚓的存在是土壤重要的环境指标，对土壤具有重大意义，但是目前由于土壤污染，我国土壤中的蚯蚓、土鳖及各种有益菌等大量消失，农作物害虫的天敌青蛙的数量大减，自然生态面临危机。为了杀死田地里的害虫，人们不得不使用更多的杀虫剂，但杀虫剂的毒害作用使得蚯蚓等土壤的"义工"也大量死亡，土壤生态平衡被打破，形成恶性循环。

民以食为天，食以地为源，食以安为先。土壤是我们每一个人的衣食之源，我国在环境治理方面虽然取得了一定的成绩，但土壤污染的问题仍然在继续发展，应引起有关部门的注意和重视。土壤污染具有明显的滞后性和累积性，土壤一旦受到严重污染，则需要较长的治理周期和较高的投资成本，其危害也比其他污染更难消除。因此，对污染土壤的改良和治理问题应该引起高度重视，尤其是对农药、重金属土壤污染的防治工作。

第四节　土壤的典型污染物

一、土壤农药污染

农药土壤污染是指人类向土壤环境中投入或排入超过其自净能力的农药，而导致土壤环境质量降低，以至影响土壤生产力和危害环境生物安全的现象。农药对土壤的污染与施用农药的理化性质、农药在土壤环境中的行为及施药地区自然环境条件密切相关。进入土壤的农药可以通过挥发进入大气，再经过大气降水进入土壤，也可以通过降水进入土壤，再经过污水灌溉进入土壤和农作物。近一半的农药会直接进入土壤和农作物中，并通过食物链进入家畜和人体等。

我国是一个农业大国，也是生产和消费农药的大国。目前，农民大多直接向土壤或植物表面喷洒农药，使得土壤受农药污染严重。研究表明，农药在施用过程中只有一部分留在植物上，另一部分进入土壤、空气中。而土壤是农药在环境中的"贮藏库"与"集散地"，使用的农药量80%～90%将最终进入土壤，其中80%以上残留在土壤0～20cm的表土层。土壤农药污染现在已成为一个严重的全球性问题，亟须解决。由于我国土壤施用农药的量过大，因此土壤受农药污染的程度也较为严重，严重影响了我国农业的生产和发展。

1. 土壤中的农药

土壤中的有机农药按其化学性质可分为有机氯类农药、有机磷类农药和苯氧基链烷酸酯类农药。其中前两类农药毒性巨大，且有机氯类农药在土壤中不易降解，对土壤污染较重；有机磷类农药虽然在土壤中容易降解，但由于使用量大，污染也很广泛；苯氧基链烷酸酯类农药毒性较小，在土壤中均易降解，但对土壤也有一定程度的污染。

（1）有机氯类农药

有机氯类农药是含氯的有机化合物，大部分是含1个或几个苯环的氯素衍生物。目前最主要的品种有毒杀芬、异狄氏剂、氯丹和七氯等。有机氯类农药的特点是：化学性质稳定，在环境中残留时间长，短期内不易分解，易溶于脂肪中，并在脂肪中蓄积，造成人体慢性中毒，表现为伤害肝、肾和神经系统，是造成环境污染的主要农药类型。目前许多国家都已禁止使用有机氯类农药，我国已于1983年禁止生产和使用有机氯类农药，虽然土壤中有机氯类农药的残留量已大大降低，但检出率仍然很高。残留在土壤中的有机氯农药自然降解时间较长，如残存在土壤中的DDT降解95%需要大约10年。

（2）有机磷类农药

有机磷农药是含磷的有机化合物，有的也含硫、氮元素。其化学结构一般含有C—P链或C—S—P链、C—N—P链等，大部分是磷酸酯类或酰胺类化合物。一般有剧烈毒性，易于分解，在环境中残留时间短，在动植物体内因受酶的作用，磷酸酯能进行分解、不易蓄积，因此常被认为是较安全的一种农药。有机磷农药对昆虫及哺乳类动物均可呈现毒性，破坏神经细胞分泌的乙酰胆碱，阻碍刺激传送机能等生理作用，甚至使之死亡，所以在短期内有机磷农药的环境污染毒性仍是不可忽视的。近年来许多研究报告表明，有机磷农药具有烷基化作用，可能引起动物致癌、致突变。

（3）除草剂类农药（苯氧基链烷酸酯类农药）

除草剂具有选择性，只杀伤杂草而不伤害作物。最常用的除草剂有 2，4 - D 和 2，4，5 - T 及其酯类，它们能除灭许多阔叶草，但对许多狭叶草则无害，是一种调解物质。有的是非选择性的，对被药剂接触到的植物都可杀死，如五氯酸钠，而有的品种只对药剂接触到的部分发生作用，药剂在植物体内不转移、不传导，如敌稗等。大多数除草剂在环境中会被逐渐分解，但据有关研究表明，一般除草剂有致癌、致畸、致突变的作用。另外，调查显示，一些低毒的除草剂在土壤中已有一定残留，长期大量使用后在土壤作物中的残留十分严重。

（4）无机类农药

无机农药应用的品种已经很少，一些地区仍在使用的无机农药主要是含汞杀菌剂和含砷农药。含汞杀菌剂如升汞（氯化汞）、甘汞（氯化亚汞）等会伤害农作物，因而一般仅用来进行种子消毒和土壤消毒。汞制剂一般性质稳定，毒性较大，在土壤和生物体内残留问题严重，中国、美国、日本、瑞典等许多国家已禁止使用。含砷农药为亚砷酸（砒霜）、亚砷酸钠等亚砷酸类化合物及砷酸铅、砷酸钙等砷酸类化合物。亚砷酸类化合物对植物毒性大，曾被用作毒饵防治地下害虫。砷酸类化合物曾广泛用于防治咀嚼式口器害虫，但也因防治面窄、药效低等原因被有机杀虫剂所取代。

2. 农药在土壤中的转化

农药在对防治病虫害、消灭杂草、提高产量等方面有着至关重要的作用。但是长期、广泛和大量使用有毒的化学农药导致土壤环境中残留了大量农药，这些农药已经危及植物的生产及人类的安全。

进入土壤环境的农药可通过迁移、转化并通过食物链富集，最后对人体造成伤害。

（1）挥发

农药在田间的损失主要是通过挥发，农药在喷洒时部分直接挥发到大气中，另一些喷洒到农田、作物、土壤的农药通过蒸发、扩散、挥发等过程再次进入大气中，造成大气污染。大气中的农药漂浮物在风的作用下可长距离输送，到达世界各个角落，并通过降水等过程再次进入土壤。据报道，在地球南、北极圈内和喜马拉雅山最高峰都曾发现有机氯农药的存在。

（2）吸附

农田施药后，土壤颗粒由于具有很强的吸附性能，可以将农药吸附到颗粒内部。土壤对农药的吸附是不稳定的，农药既可以被土壤颗粒吸附又可以脱离土壤颗粒进入土壤环境中，随着地表径流进入地表水或渗入地下水，进而污染地表水和地下水。同时，由于农作物的吸收作用，部分农药还会直接进入农作物，农作物作为食物被人类和其他生物吸收可造成直接危害。

（3）降解

农药在土壤中的降解包括光化学降解和微生物降解。

光化学降解是指土壤表面接受太阳辐射能和紫外线光谱等引起农药的分解作用。由紫外线产生的能量足以使农药分子结构中碳－碳键和碳－氢键发生断裂，引起农药分子结构的转化，这可能是农药转化或消失的一个重要途径。但紫外光难于穿透土壤，因此光化学降解对落到土壤表面并与土壤结合的农药的作用可能是相当重要的，而对土表以下的农药的作用较小。

微生物降解是指土壤中微生物（包括细菌、霉菌、放线菌等各种微生物）对有机农药的降解，这在农药降解方面起着重要的作用。土壤中的微生物能够通过各种生物化学作用参与分解土壤中的有机农药，使农药的化学结构发生明显改变，有些剧毒农药一经降解就失去了毒性，另一些农药虽然自身的毒性不大，但它的分解产物可能增加毒性，还有些农药本身和代谢产物都有较大的毒性。所以，在评价一种农药是否对环境有污染作用时不仅要看药剂本身的毒性，而且还要注意降解产物是否有潜在危害性。

二、土壤重金属污染

重金属的污染主要来源于工业污染，其次是交通污染和生活垃圾污染。工业污染大多通过废渣、废水、废气排入环境，在人和动物、植物中富集，从而对环境和人的健康造成很大的危害。

随着城市化的发展和城市内工业、交通排放各种废弃物的增多，我国城市土壤中的重金属含量显著增加，其中以汞和铅最为突出。①各种活动向大气中排放的重金属通过沉降污染土壤的情况越来越严重，尤其是化石燃料的燃烧。例如：燃料燃烧释放到大气中的汞占人为释放量的 $57\% \sim 71\%$；燃煤、燃油向大气输入镍占人为释放量的 $60\% \sim 78\%$；由于汽车使用的汽油中加入了抗爆剂——四甲基铅和四乙基铅，故在汽车尾气中排放的铅含量达到 $20 \sim 50\mu g/L$。②在农业中，农药、化肥、污泥的施用、污水灌溉都是加剧土壤重金属污染的主要途径。在化肥生产与使用中，由于生产化肥的原料大都是矿石，而化肥本身的杂质及生产工艺流程的污染使其重金属的含量很高。广州市磷肥和石灰测定结果显示：镉含量为 $2 \sim 3mg/kg$，砷含量为 $60 \sim 80ng/kg$，汞含量为 $1 \sim 2ng/kg$。农药以含汞、砷和铅的较多，如：含有机汞制剂的农药有赛力散、西力升等，含有机砷制剂有稻脚青、田安、甲基硫砷等，含砷铅的有砷酸铅、亚砷酸铅等。由于这类含汞、含砷农药及其分解产物对人、畜都有较高的毒性，同时容易在土壤和农产品中积累，所以已被限制生产和使用。但是已经进入土壤的含汞、含砷农药开始对土壤产生了一定危害。

根据农业部环保监测系统对全国 24 个省市、320 个严重污染区约 $5.48 \times 10^{10} m^2$ 土壤调查发现，大田类农产品污染超标面积占污染区农田面积的 20%，其中重金属污染占 80%；对全国粮食调查发现，重金属 Pb、Cd、Hg、As 超标率占 10%。我国每年因重金属污染减产粮食达 $10 \times 10^7 t$，被重金属污染的粮食每年多达 $1.2 \times 10^7 t$，合计经济损失至少 200 亿元。

1. 土壤中的重金属

土壤重金属污染是指由于人类活动将金属加入到土壤中，致使土壤中重金属含量明显高于其原生含量，并造成生态环境质量恶化的现象。

一般重金属是指比重不小于 5.0 的金属，如 Hg、Fe、Mn、Zn、Cd、Ni、Co 等

45 种金属元素。根据植物的需要，重金属可分为两类：一类是植物生长发育不需要的元素，这些金属元素对人体健康危害比较明显，如汞、镉、铅等；一类是植物正常生长发育所需的元素，但吸收过多也会产生一定危害，妨碍植物生长发育，如铜、锌等。这部分金属摄入过量会产生较大的生物毒性，并可通过食物链对人体健康带来威胁。如果摄入的食物中包含太多的铜，会使人们的学习和思维能力迟缓，记忆力迅速下降。

下面以土壤中毒性较强的 5 种重金属为例，了解土壤中重金属的存在形式及毒性。

（1）汞

汞是一种对动植物及人体无生物学作用的有毒元素。土壤中的汞按其存在的化学形态可分为金属汞、无机化合态汞和有机化合态汞。无机汞化合物的主要存在形式有 HgS、HgO、$HgCO_3$、$HgHPO_4$、$HgCl_2$ 和 $Hg（NO_3）_2$ 等；有机汞化合物主要有甲基汞和有机配合汞等。除甲基汞、$HgCl_2$、$Hg（NO_3）_2$ 外，大多含汞化合物均为难溶化合物。在各种含汞化合物中，甲基汞和乙基汞的毒性最强。

土壤中汞的迁移转化比较复杂，主要有以下几种途径：土壤中汞的氧化 – 还原；土壤胶体对汞的吸附；配位体对汞的配合 – 螯合作用；汞的甲基化作用。

（2）铅

铅是人体的非必需元素。土壤中铅的污染主要来自大气污染中的铅沉降，如铅冶炼厂含铅烟尘的沉降和含铅汽油燃烧所排放的含铅废气的沉降等。另外，其他铅应用工业的"三废"排放也是污染源之一。土壤中的铅主要以二价态的无机化合物形式存在，极少数为四价态。

植物从土壤中吸收铅主要是吸收存在于土壤中的可溶性铅。植物吸收的铅绝大多数积累于根部，转移到茎叶、种子中的很少。另外，植物除通过根系吸收土壤中的铅以外，还可以通过叶片上的气孔吸收污染空气中的铅。

（3）砷

砷是类金属元素，不是重金属，但从环境污染效应来看常把它作为重金属来研究。土壤中的砷的污染主要来自化工、冶金、炼焦、火力发电及电子等工业排放的"三废"。土壤中的砷主要以正三价和正五价两种形态存在于土壤环境中，其存在形式可分为水溶性砷、吸附态砷和难溶性砷。三者在一定的条件下可以相互转化。当土壤中含硫量较高时，在还原性条件下可以形成稳定的难溶性 As_2S_3。

一般认为，砷不是植物、动物和人体的必需元素，但植物对砷有强烈的吸收积累作用，其吸收作用与土壤中砷的含量、植物品种等有关。砷在植物中主要分布在根部。浸水土壤中，土壤中可溶性砷含量比旱地土壤高，故在浸水土壤中生长的作物其砷含量也较高。所以，为了有效地防止砷的污染及危害，可采取提高土壤氧化 – 还原电位的措施，以减少三价亚砷酸盐的形成，降低土壤中砷的活性。

（4）镉

镉的污染主要来源于铅、锌、铜矿山和冶炼厂的废水、尘埃、废渣、电镀、电池、颜料、塑料稳定剂和涂料工业的废水等。农业上施用的磷肥也可能带来镉的污染。土壤中的镉主要有水溶性和非溶性两种，水溶性镉主要包括 Cd^{2+}、$CdCl^+$、$CdSO_4$ 等，非水溶性镉主要包括 CdS、$CdCO_3$ 等。据 2014 年《全国土壤污染状况调查公报》显示，我国土壤污染物中镉污染物点位超标率达到 7.0%，呈现从西北到东南、从东北到西南方向逐渐升高的态势，是耕地、林地、草地和未利用地的主要污染物之一。

（5）铬

铬是人类和动物体内的必需元素，但其浓度较高时会对生物有害。土壤中铬的污染主要来源于某些工业，如铁、铬、电镀、铬酸盐和三氧化铬工业的"三废"排放及燃煤、污水灌溉或污泥施用等。土壤中的铬有正三价和正六价两种形态存在，其中六价铬毒性大于三价铬。Calder 研究发现，六价铬在土壤中主要以 $HCrO_4^-$、CrO_7^{2-} 和 CrO_4^{2-} 等阴离子形态存在，活性强，对农作物、微生物的危害较大。三价铬易被土壤胶体吸附形成沉淀，活性差，产生的危害相对较低。

2011 年 4 月初，中国首个"十二五"专项规划——《重金属污染综合防治"十二五"规划》获得国务院正式批复，防治规划力求控制上述 5 种重金属的排放量。

2. 土壤中重金属的转化

进入土壤中的重金属会对农作物的生长过程带来什么影响呢？事实上，重金属对农作物的不利影响与其存在的形态是密切相关的，下面以重金属汞为例来观察重金属在土壤中的形态变化过程。

第一个过程是土壤中汞的氧化还原变化。土壤中的汞主要有三种价态：Hg、Hg^+、Hg^{2+}。在正常的土壤氧化还原电位和 pH 范围内，汞能以零价形态存在于土壤中，以蒸气形式挥发进入大气圈，参与大气循环。Hg^{2+} 在含有 H_2S 的还原条件下会生成难溶性的硫化汞。当土壤中氧化条件占优时，HgS 就被氧化为亚硫酸汞和硫酸汞。由此可见，不同的土壤环境可保留不同形态的汞，而不同形态的汞其生物可利用性也有较大的差异。

第二个过程是土壤中汞的吸附与解吸，带正电荷的汞能够被土壤带负电荷的胶体所吸附，而带负电荷的汞会被带正电荷的胶体所吸附。不同的黏土矿物对汞的吸附能力有差异，比如蒙脱石、伊利石对汞的吸附力较强，而高岭石对汞的吸附力较弱。

第三个过程是形态转变，是土壤中汞的络合 – 螯合作用，土壤中存在很多有机配体和无机配体，比如腐殖质和甲基对汞有很强的螯合能力。当然，在还原条件或者在厌氧微生物作用下可将无机汞转化为甲基汞和二甲基汞，络合作用大大提高了汞化物的溶解度，提高了汞在农作物体系以及土壤微生物体系中的迁移和富集，同时，汞的甲基化也加强了汞的生物毒性。

第四个过程涉及植物对汞的吸收和累积。土壤中的汞及其化合物可以通过离子交换，与植物的根蛋白进行结合，发生凝固反应，进而在植物体系内累积。对于同一棵植物如水稻，汞在植物不同部位的累积量是不同的，累积顺序是：根＞叶＞茎＞种子；对于不同的植物，汞在农作物中吸收和累积能力的顺序是：水稻＞玉米＞高粱＞小麦。所以，在受重金属汞污染的土壤上种植水稻将有极大的食品安全风险。

那么，重金属是如何影响植物的生长过程呢？是否所有的重金属都对植物生长产生不利的影响呢？其实，植物对重金属的需求是有差别的，如 Fe、Mn、Zn 等是植物生长所需要的微量元素，因此植物对这些元素可以进行主动地选择性吸收；但是对于 Hg、Cd、Pd 等这些植物正常生长并不需要的元素，植物当然不愿意主动吸收了。Hg、Cd 等元素不参与植物的生命活动，所以一般情况下这些元素不会引起植物生长发育障碍，但是这些重金属会在植物体内蓄积，比如 Hg、Cd 都可以在水稻体内累积，形成"镉米"和"汞米"。此外，重金属对植物影响还受多种因素控制，其中的关键是重金属形态，这是决定重金属有效性的基础。可以肯定的是，植物吸收重金属的量随土壤溶液中可溶态重金属浓度的增加而增加。事实上，大部分的土壤污染基本都是多种重金属的复合污染，重金属的生物效应与重金属间及与其他常量元素间的交互作用也有关系。比如，有研究结果表明，在土壤镉、锌、铅的复合污染中，锌对植物吸收镉的过程可能具有拮抗作用，能产生抑制镉吸收的复合效应。所以，在土壤中锌含量很低的情况下，施用锌肥可以对镉污染起到一定的控制作用。当然，影响重金属在土壤－植物体系迁移转化的因素还有很多，比如土壤的理化性质、重金属的种类、浓度及在土壤中的存在形态，植物种类、生长发育期、复合污染、施肥过程等，这些都会影响重金属在土壤中的转化过程。

据我国农业部进行的全国污灌区调查，在约 140 万 hm² 的污水灌区中，遭受重金属污染的土地面积占污水灌区面积的 64.8%，其中轻度污染的占 46.7%，中度污染的占 9.7%，严重污染的占 8.4%。更为危险的是重金属污染物在土壤中移动性差，滞留时间长，大多数微生物不能将其降解，多数重金属可通过水、植物等介质最终危害人类健康。

第五节　"土十条"

长期以来，由于我国经济发展中产业结构和布局不合理，重金属和有机农药等各种污染物的排放总量居高不下，对农产品的质量安全和人体健康构成了严重威胁。2014年4月，全国污染状况调查显示，全国土壤污染总超标率为 16.1%，其中，无机污染占超标点位的 82.8%，耕地土壤点位超标率为 19.4%。耕地土壤环境质量堪忧，已经成为我国全面建成小康社会的突出短板。近年来，我国土壤污染出现了一些新的特点：有毒化工和重金属的污染从早期的工业领域向农业领域转移，污染区域也从城区向农村地区转移，污染深度由地表水体向地下水系转移，污染物也出现了从上游向下游的不断迁移，更严重的是出现了由水土污染向食品链转移的趋势。有些排污企业甚至知法犯法，导致我国多次爆发恶性环境污染事件，比如在 2017 年 6 月 16 日，石家庄市无极县滹沱河河道内发生一起非法倾倒工业盐酸废液的污染环境案件，废液倾倒过程中发生了化学反应，瞬间释放出了大量有毒气体，导致在场的陈某等 5 人死亡，杨某等 2 人严重受伤。

为了切实加强土壤污染防治，逐步改善土壤环境质量，国务院于 2016 年 5 月 28 日制定了《土壤污染防治行动计划》，简称"土十条"，"土十条"是当前和今后一个时期全国土壤污染防治工作的行动纲领。"土十条"立足我国国情和发展阶段，着眼经济社会发展全局，以改善土壤环境质量为核心，以保障农产品质量和人居环境安全为出发点，坚持预防为主、保护优先、风险管控，突出重点区域、重点行业和重点污染物，实施分类别、分用途、分阶段治理，严控新增污染、逐步减少存量，形成政府主导、企业担责、公众参与、社会监督的土壤污染防治体系。

"土十条"的具体条款包括：①开展土壤污染调查，掌握土壤环境质量状况。各级环保部门要深入开展土壤环境质量调查；建设土壤环境质量监测网络，到 2020 年底前要实现土壤环境质量监测点位的全覆盖；提升土壤环境信息化管理水平。②推进土壤污染防治立法，建立健全法规标准体系。到 2020 年土壤污染防治法律法规体系要基本建立；要系统构建标准体系；全面强化监管执法，重点监测土壤中的镉、汞、砷、铅、铬等重金属和多环芳烃、石油烃等有机污染物。③实施农用地分类管理，保障农业生产环境安全。按污染程度将农用地土壤环境划为 3 个类别，将未污染和轻微污染的划为优先保护类，轻度和中度污染的划为安全利用类，重度污染的划为严格管控类；对耕地要切实加大保护力度；着力推进农用地的安全利用；全面落实严格管控；加强林地、草地和园地的土壤环境管理。④实施建设用地准入管理，防范人居环境风险。明确管理要求，到 2016 年底前发布建设用地土壤环境调查评估技术规定，落实监管责任；严格用地准入。⑤强化未污染土壤保护，严控新增土壤污染。结合推进新型城镇化、产业结构调整和化解过剩产能等要求，要有序搬迁或依法关闭对土壤造成严重污染的现有企业。⑥加强污染源监管，做好土壤污染预防工作。严控工矿污染，控制农业污染，减少生活污染。⑦开展污染治理与修复，改善区域土壤环境质量。明确治理与修复主体，制定治理与修复规划，有序开展治理与修复，监督目标任务落实。⑧加大科技研发力度，推动环境保护产业发展。加强土壤污染防治研究，加大适用技术推广力度，推动治理与修复产业发展。⑨发挥政府主导作用，构建土壤环境治理体系。⑩加强目标考核，严格责任追究。

任何政策的落地执行都要有具体的奋斗目标，根据"土十条"的相关要求，未来我国土壤环境污染治理的工作目标是：第一，到 2020 年，全国土壤污染加重趋势得到初步遏制，土壤环境质量总体保持稳定，农用地和建设用地土壤环境安全得到基本保障，土壤环境风险得到基本管控。第二，到 2030 年，全国土壤环境质量稳中变好，农用地和建设用地土壤环境安全得到有效保障，土壤环境风险得到全面管控。第三，到 21 世纪中叶，土壤环境质量全面改善，生态系统实现良性循环。其中土壤环境改善的具体指标是：到 2020 年，受污染耕地安全利用率达到 90% 左右，污染地块安全利用率达到 90% 以上。到 2030 年，受污染耕地安全利用率达到 95% 以上，污染地块安全利用率达到 95% 以上。

"土十条"的意义重大。土壤是经济社会可持续发展的物质基础，关系人民群众的身体健康，更关系美丽中国的建设，保护好土壤环境是推进生态文明建设和维护国家生态安全的重要内容，在"土十条"的监督与指导下，我国的土壤环境质量一定会越来越好。建设"蓝天常在、青山常在、绿水常在"的美丽中国，我们一直在路上。

第六节 土壤污染的防治

土壤污染防治是防止土壤遭受污染和对已污染土壤进行改良、治理的活动。土壤保护应以预防为主。预防的重点应放在对各种污染源排放进行浓度和总量控制；对农业用水进行经常性监测、监督，使之符合农田灌溉水质标准；合理施用化肥、农药，慎重使用下水污泥、河泥、塘泥；利用城市污水灌溉必须进行净化处理；推广病虫草害的生物防治和综合防治以及整治矿山防止矿毒污染等。

我国土壤污染问题的防治措施包括两个方面：一是"防"，就是采取对策防止土壤污染；二是"治"，就是对已经污染的土壤进行改良、治理。

一、预防措施

1. 科学地利用污水灌溉农田

废水种类繁多，成分复杂，有些工业废水可能是无毒的，但与其他废水混合后即变成了有毒废水。因此，利用污水灌溉农田时必须符合《不同灌溉水质标准》，否则必须对其进行处理，符合标准要求后方可用于灌溉农田。

2. 合理使用农药和化肥

科学地使用农药能够有效地消灭农作物病虫害，发挥农药的积极作用。合理使用农药包括：严格按《农药管理条例》的各项规定进行保存、运输和使用。使用农药的工作人员必须了解农药的有关知识，以合理选择不同农药的使用范围、喷施次数、施药时间以及用量等，尽可能减轻农药对土壤的污染。禁止使用残留时间长的农药，如六六六、DDT 等有机氯农药。发展高效低残留农药如拟除虫菊酯类农药，这将有利于减轻农药对土壤的污染。合理使用农药不仅可以减少对土壤的污染，还能经济有效地消灭病、虫、草害，发挥农药的积极效能。在生产中，不仅要控制化学农药的用量、使用范围、喷施次数和喷施时间，提高喷洒技术，还要改进农药剂型，严格限制剧毒、高残留农药的使用，重视低毒、低残留农药的开发与生产。

根据土壤的特性、气候状况和农作物生长发育特点，配方施肥，严格控制有毒化肥的使用范围和用量。增施有机肥，提高土壤有机质含量，可增强土壤胶体对重金属和农药的吸附能力。如褐腐酸能吸收和溶解三氯杂苯除草剂及某些农药，腐殖质能促进镉的沉淀等。同时，增加有机肥还可以改善土壤微生物的流动条件，加速生物降解过程。

3. 积极推广生物防治病虫害

为了既能有效地防治农业病虫害又能减轻化学农药的污染，需要积极推广生物防治方法，利用益鸟、益虫和某些病原微生物来防治农林病虫害。例如，保护各种以虫为食的益鸟；利用赤眼蜂、七星瓢虫、蜘蛛等益虫来防治各种粮食、棉花、蔬菜、油料作物以及林业病虫害；利用杀螟杆菌、青虫菌等微生物来防治玉米螟、松毛虫等。利用生物方法防止农林病虫害具有经济、安全、有效和不污染的特点。

4. 提高公众的土壤保护意识

土壤保护意识是指特定主体对土壤保护的思想、观点、知识和心理，包括特定主体对土壤本质、作用、价值的看法，对土壤的评价和理解，对利用土壤的理解和衡量，对自己土壤保护权利和义务的认识以及特定主体的观念。开发和利用土壤时应进一步加强舆论宣传工作，使广大干部群众都知道土壤问题是关系到国泰民安的大事，让农民和基层干部充分了解当前严峻的土壤形势，唤起他们的忧患感、紧迫感和历史使命感。

二、治理措施

1. 污染土壤的生物修复方法

土壤污染物质可以通过生物降解或植物吸收被净化。

蚯蚓是一种能提高土壤自净能力的生物，利用它能处理城市垃圾和工业废弃物以及农药、重金属等有害物质。因此，蚯蚓被人们誉为"生态学的大力士"和"净化器"等。

利用植物吸收也可以去除污染，严重污染的土壤可改种某些非食用的植物如花卉、林木、纤维作物等，也可种植一些非食用的吸收重金属能力强的植物，如羊齿类铁角蕨属植物对土壤重金属有较强的吸收聚集能力，对镉的吸收率可达到10%，连续种植多年能有效降低土壤中的含镉量。在农作物中，玉米抗镉能力强，马铃薯、甜菜等抗镍能力强。

2. 使用土壤改良剂

对于重金属轻度污染的土壤，使用化学改良剂可使重金属转为难溶性物质，减少植物对它们的吸收。例如在受镉等重金属污染的酸性土壤中施用石灰，可提高土壤 pH，使镉、锌、铜、汞等形成氢氧化物沉淀，从而降低它们在土壤中的浓度，减少对植物的危害，改善效果显著。对于砷污染的土壤，可施加 $Fe_2(SO_4)_3$ 和 $MgCl_2$ 等生成 $FeAsO_4$、$MgNH_4AsO_4$ 等难溶物，从而减少砷对土壤的危害。

3. 改变轮作制度

改变耕作制度会引起土壤条件的变化，改善土壤的理化性质。例如，土壤农作物生长需要适宜的土壤酸碱环境，通过轮作不同蔬菜发现，轮作大葱和苦瓜可提高土壤的 pH，降低土壤的酸化程度，为黄瓜的生长提供适宜的环境。

4. 换土和翻土

对于轻度污染的土壤，可采取深翻土或换无污染的客土的方法治理。对于污染严重的土壤，可采取铲除表土或换客土的方法。这些方法的优点是改良较彻底，适用于小面积改良污染土壤。但对于大面积污染土壤的改良非常费事，难以推行。

5. 实施针对性措施

重金属污染土壤的治理主要通过生物修复、使用石灰、增施有机肥、灌水调节土壤氧化还原电位、换客土等措施，降低或消除污染。防治有机污染物可通过增施有机肥料、使用微生物降解菌剂、调控土壤 pH 和氧化还原电位等措施，加速污染物的降解，从而消除污染。

总之，按照"预防为主"的环保方针，防治土壤污染的首要任务是控制和消除土壤污染源，对已污染的土壤要采取一切有效措施清除土壤中的污染物，控制土壤污染物的迁移转化，改善农村生态环境，提高农作物的产量和品质，为广大人民群众提供优质、安全的农产品。

？复习思考题

1. 土壤的性质有哪些？
2. 什么是土壤自净和土壤环境容量？
3. 什么是土壤污染？食品安全与土壤质量有什么关系？
4. 土壤污染物有哪些？
5. 土壤的危害是什么？
6. 简述合理利用农药的重要性。

第五章　环境生态修复

第一节　环境生态修复概述

随着我国工业化、信息化、城镇化和现代化的高速发展，我国创造了一个又一个举世瞩目的奇迹，但是随着国内资源的过度消耗，随之而来的环境污染和生态破坏问题日益突出。环境污染和生态破坏打破了生态系统原有的平衡，使得土地荒漠化、盐碱化、雾霾、沙尘暴、水资源短缺等生态危机频发，这不仅影响了生物多样性和人类生命健康，而且成为束缚我国现阶段经济社会健康平稳发展以及未来可持续发展的阻碍。改变这种状况，刻不容缓。

党的十八届三中全会提出："建设生态文明，必须建立系统完整的生态文明制度体系，实行最严格的源头保护制度、损害赔偿制度、责任追究制度，完善环境治理和生态修复制度，用制度保护生态环境。"这为我国生态修复工作的顺利开展提供了强大的保障。

一、生态修复与生态恢复

近些年来，国家越来越重视环境的生态修复。习近平总书记在党的十九大报告中特别指出"要加大生态系统保护力度，实施重要生态系统保护和修复工程"，可见了解生态修复知识对服务国家环保事业是十分必要的。我们日常生活中的生态修复案例随处可见，例如湖泊富营养化治理、农田土壤修复、城市黑臭水体治理等。然而生态修复也不是一件容易的事，2016年持续数月的常州外国语中学"毒地"事件，是一个非常典型的生态修复失败的案例，这个事件在当时引起了全国人民的密切关注。常州外国语中学北面马路对面就是正在进行土壤修复的常隆化工污染地块，常隆化工厂在长达37年的时间内在这个地区进行生产活动，始终存在偷排废水废气、乱扔固废的行为，导致土壤和地下水中氯苯、四氯化碳等污染物严重超标甚至高于标准数万倍。该化工厂自2015年开始进行土壤修复，但是由于土壤修复工程施工不当，大片裸露的土壤和大片深褐色的水塘使污染物暴露在空气中。由此可以推测出500多名初中生群体性身体异样的原因——一切的根源都在于不当的土壤修复导致深埋的污染物暴露到环境中，恰好新建的学校又选在了这里。通过这个事件可知生态修复不是一件容易的事，需要具备专业知识的人员和正规的环保公司来完成。

1980年凯恩斯主编的《受损生态系统的恢复过程》一书的出版标志着生态修复学

作为一门学科的诞生。相关概念有生态恢复、生态修复、生态重建、生态改建、生态改良等，都具有"恢复和发展"的内涵。"恢复和发展"的目的是使原来受到干扰或损害的系统恢复，并使其可持续发展，为人类持续利用。

当前学术上用得比较多的是"生态恢复"和"生态修复"两个概念。生态恢复（ecological restoration）是指生态系统的自我恢复能力，辅以人工措施，来修复受到干扰、破坏的生态环境，使其尽可能恢复到原来的状态。生态修复（ecological remediation）是指在生态学原理指导下，以生物修复为基础，结合各种物理修复、化学修复以及工程技术措施，通过优化组合，使之达到最佳效果和最低耗费的一种综合修复污染环境的方法。"生态恢复"的叫法主要应用在欧美国家，在中国也有应用，"生态修复"的叫法主要应用在日本和中国。两者的意思相近，在本书中采用"生态修复"的叫法。

二、生态修复的任务及原理

从生态修复的定义上看，生态修复任务可归纳为消除污染和生态重建。这是生态修复在环境工程学科中的一大特点，生态修复的目的不仅是将污染物从环境中去除，更重要的是恢复原来的生态系统，保持环境的持久健康，从根本上解决环境污染问题，这也是国家现在越来越重视生态修复的原因。要消除污染如水污染控制中的污水处理厂就是末端治理，在污水进入自然界之前把其中的污染物消除，降低污染物的环境负荷；生态修复的最终任务是生态重建，恢复受污染环境的生态系统，这一要求更高、效果更持久，也是可持续发展的需要。例如黑臭水体的治理，底泥清淤虽然消除了内源污染源，然而并没有恢复水体的生态系统，这就需要种植植物、投加水生动物或微生物菌群，实现黑臭水体的生态修复。

生态修复遵循循环再生、和谐共存（物种多样性）、整体优化、区域分异等生态学原理。①物质循环再生原理是指物质在生态系统中循环往复、分层分级利用，没有物质循环的系统就会产生废弃物，生成环境污染，并最终影响到系统的稳定与发展。无废弃物农业是我国古代传统农业的辉煌成就之一，也是生态工程最早和最生动的一种模式。②物种多样、和谐共存原理是指物种越丰富，生态系统的抵抗力和稳定性越高。纯种林的生物多样性低，食物链短而单调，缺少松毛虫、天牛的天敌，因此一旦马尾松林的松毛虫肆虐，几十亿株杨树便会毁于一旦。③区域分异原理是指修复过程中需要考虑环境承载力即环境容纳量的差异。例如居住区土壤修复和非居住区土壤修复的环境容纳量就有明显区别，居住区土壤直接关系到人体的健康，对污染物的环境容纳量比非居住区土壤要小，污染物的去除要更加彻底。④整体优化原理是指修复过程是包含在社会—经济—自然复合成的巨大系统之中，自然生态系统的修复受到经济系统（生产成本、消费效益等）与社会系统（政策、管理、科学文化等）的影响，是一项系统工程。

三、生态修复的基本方式

生态修复的基本方式包括微生物修复、植物修复、物理修复和化学修复 4 种。图 5-1是污染土壤的生物通风生态修复技术示意图，用压缩机往土壤中泵入空气，用真空泵从土壤中抽出空气，同时还往土壤中输入营养物质，这是一种微生物修复方式。

同时由于土壤中含有易挥发或者半挥发的有机污染物，空气的流动会将这些污染物带出土壤，所以这又是一种物理修复方法。

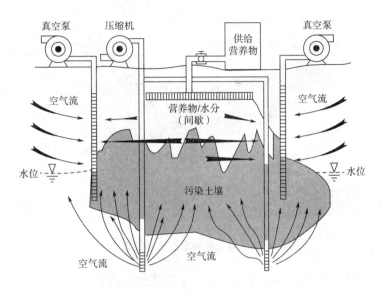

图5-1 污染土壤的生物通风生态修复技术示意图

植物修复在日常生活中随处可见。夹竹桃是街头常见的一种植物，它具有极强的耐污染能力和环境修复能力，据说在原子弹爆炸后第二年春天的广岛，距离爆炸中心1km处的夹竹桃就开始萌发新枝，它能净化大气，吸收SO_2和汞，其根茎对重金属也有富集作用。这是一种植物修复方式。

物理修复技术种类繁多，热解吸修复是一种常用的针对有机物污染土壤的物理修复技术（图5-2），通过加热土壤使污染物分离或者分解。污染过的土壤通过这套类似水泥窑和烟囱结构的装置后变成棕褐色的干净土壤，效果相当显著。

图5-2 污染土壤的物理修复

化学修复技术见图5-3，图中的区域A在土壤中筑起一堵墙，并将污染水体净化成干净水体，这就是原位化学反应墙的化学修复技术，污染的地下水通过渗透性反应墙中填充的化学物质（如铁等）发生还原反应，从而将污染物转化、去除。

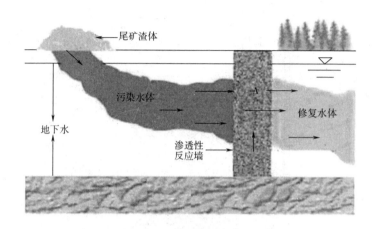

图 5 - 3　污染土壤的原位化学反应墙技术

值得注意的是，实际工程中的生态修复往往是两个或者两个以上修复方式的组合。如微生物修复和植物修复联合、微生物修复和物理修复联合、微生物修复和化学修复联合。因为实际污染环境中情况复杂，单一的修复技术往往具有局限性，如污染物浓度高的区域就不适合植物修复和微生物修复，需要借助物理修复和化学修复来完成。另外每种修复方式中也有很多具体的修复技术，需要根据实际情况分析后再决定。

2012 年伦敦奥运会场址修复项目采用了土壤淋洗、生物修复、土壤稳定和固定等多种方法对这片已有 100 多年的老工业区（纺织、印刷、汽油、化学品等）和港口的土壤进行了生态修复，这片地区的土壤和地下水中存在重金属、多环芳烃、氨及硫酸盐的污染。生态修复工程从 2007—2010 年修复面积 270hm²，治理约 2×10^6t 有毒土壤、9×10^7L 污染地下水，是迄今欧洲最大的场址修复项目。尽管投入了 2 亿英镑，耗资巨大，但收益也是可观的，伦敦奥运会仅门票收益就达 7 亿美元，占奥运各项筹备预算的 1/4，可见生态修复具有良好的经济效益和社会效益。

第二节　微生物修复技术

微生物修复技术是生态修复的基础，自然界中广泛存在的微生物能够对环境中输入的污染物进行降解。例如 1979 年美国明尼苏达州伯米吉输油管发生爆裂，$3.8 \times 1p^5$L 原油泄漏到土壤和地下水中。1983 年政府对地下水和土壤中的原油进行调查发现：原油扩散距离比理论计算的值小；扩散区域的甲烷迅速增加；苯在扩散层边缘减少。这些现象说明土壤中有微生物降解泄漏的石油烃，扩散区域由于厌氧环境产生甲烷，而扩散层边缘是好氧环境，会降解苯。这是自然微生物的降解过程，但是时间非常缓慢，而采用微生物修复的方式可以强化污染物的降解，简称微生物修复。

一、基本原理

微生物修复是利用微生物去除或降解土壤、地表水、地下水及海洋中污染物的一种工程技术手段。一般利用天然或接种的微生物，并通过工程措施为微生物的生长与繁殖提供必要的条件，从而加速污染物的降解与去除。工程化的微生物修复可采用下列手段来加强修复的速度：①生物刺激，满足土著微生物生长所必需的环境条件，诸如提供电子受体、供体、氧，以及营养物等。②菌群扩增，通过各种手段，增加降解环境污染物的微生物数量。向污染环境中添加外源生物活性物质，如 N、P、O_2、NO_3^-、SO_4^{2-}、表面活性剂等，大大促进生物土著或接种菌的繁殖，强化降解环境中的有机污染物。例如：已开发出的亲油肥料中含有 N、P 营养与易降解的碳源，即使在寒冷气候下烃降解菌的数量也会大大增加。

微生物修复的基本原理是通过提供氧气，添加氮、磷营养盐，接种经驯化培养的高效微生物来强化生物自然净化速度，以去除有毒有害污染物。图 5-4 是工程人员在被石油污染的海滩上喷洒能够"吃掉"石油的微生物和营养物质。

图 5-4 石油污染海滩的生物修复

按照修复地点划分，可以将微生物修复分为原位生物修复和异位生物修复两种。原位生物修复是不需要移动污染物而进行的生物修复；异位生物修复是将污染的土壤从污染环境挖出，再采用固相法或泥浆反应器处理。此法主要适用于污染程度较高时，单纯采用原位生物修复往往达不到预定要求的情况。

二、优势与局限性

相比其他的生态修复方式，微生物修复的优势如下。

1. 能够建立良好的生态系统，提高环境的自净能力

目前在城市河道整治中往往重视清淤、驳岸、绿化和截污等表面工程，不重视河道生态体系的建立，因此不能从根本上改善河道水质和自净能力。微生物修复能够有效地消除黑臭水体，逐步建立河道的好氧生态系统，提高河道水体的自净能力。

2. 节省投资费用，对环境影响小

适用于其他技术难以应用的场地，如位于建筑物或公路下面的受污染土壤。但微生物修复也有局限性，不能去除全部污染物，只有与物理和化学修复方法组合，微生物修复才能真正发挥作用。对于一个污染地块，污染物浓度往往分布不均匀，污染物浓度过高的地区不适宜微生物的生长，不具备微生物生长的必要条件，这时就应该采用物理或者化学的修复方法；另外污染环境介质的污染物种类繁多，一种或者几种微生物不能针对所有污染物，而物理或者化学的方法能够同时去除所有重金属。因此微生物修复技术的选择需要综合评价，并不是任何情况下都适用。

三、影响因素

用于微生物修复的微生物可以分为 3 种类型：即土著微生物、外来微生物和基因工程菌。①土著微生物：在环境遭受污染后，一些土著微生物会进行自然驯化选择，某些特异的微生物在污染物的诱导下能够产生分解污染物的酶，进而将污染物降解转化。目前大多数实际应用的微生物修复工程用都是土著微生物。②外来微生物：是指接种一些可降解污染物的高效菌，提高污染物降解的速率。它的限制是当采用外来微生物接种时会受到土著微生物的竞争，需要用大量的接种微生物形成优势，以便迅速开始生物降解过程。科学家们正不断筛选高效广谱的微生物和在极端环境下生长的微生物，比如可耐受有机溶剂、可在极端碱性条件下或高温下生存的微生物，并将这些微生物运用于微生物修复工程中。③基因工程菌：是指人工改造的微生物，目前实际应用较少。

微生物修复的影响因素包括营养盐、电子受体、共代谢基质、污染物的理化性质、污染现场和土壤的特性。微生物的生长需要氮、磷等营养元素，还有氧气、有机物分解的中间产物和无机酸根等电子受体，这些都是限制微生物活性的重要因素，为使污染物达到完全降解，应适当添加这些物质到需要修复的土壤或者水体中。例如为增加土壤中的溶解氧，向土壤中鼓气或添加产氧剂。鼓气是用管道将压缩空气送入土壤；产氧剂通常是双氧水和过氧化钙。当环境中的这些分子态的氧消耗殆尽后，硝酸根、硫酸根和铁离子等就可以作为有机物降解的电子受体。微生物的共代谢对一些难降解的污染物的处理起着重要作用，如农药的微生物降解。除此以外，还需要了解污染物的物理化学性质，目的是判断能否采用微生物修复技术以及采取怎样的对策强化和加速微生物修复过程。土壤空隙的大小、空隙的连续度和气水比例都会影响污染物的迁移和氧的浓度，最终影响微生物修复的速度和程度。比如，土壤的有机固体能吸附阻留有机污染物，降低其在土壤中的运动性，这种固定化会延长污染物微生物降解的时间，同样也会降低污染物的微生物有效性。

四、重金属微生物修复

重金属是指密度超过 $5kg/dm^3$ 的金属元素，以及砷、硒等非金属。水体和土壤中的重金属污染比较常见，特别是土壤的重金属更难去除。土壤中常见的几种重金属污染物为：铅、镉、铬、汞、铜、砷、锰。这些重金属来源于农业和工业的污水排放和固体废弃物的丢弃。2001 年至今，全国超过 10 万家企业关停运转，产生了大量遗弃的、高风险的、被污染的场地。这些老工业基地包括金属冶炼、电镀、机械加工、钢铁厂、化工厂、农药厂等大量排放危险废弃物的企业。

重金属的危害显而易见，例如镉稻米能引起人体的痛痛病。而冶金、塑料、电子等行业是非常重要的重金属镉的来源。重金属镉会通过废水排入环境中，再通过灌溉进入食物，水稻由于吸附性比较强，成为典型的"受害作物"。2013 年抽检发现有 120 批次的镉超标大米，最严重的超标近 6 倍。相关统计数据表明，我国受重金属污染的耕地有 1000 万 hm^2，占 18 亿亩耕地的 8% 以上，每年直接减少粮食产量约 100 亿 kg。

重金属的毒性取决于金属的形态、剂量和暴露时间。通常需要关注的是重金属的迁移性。在土壤系统中，重金属的迁移性取决于以下 3 个因素：金属的形态（物理 – 化学结合形式）、土壤组成、土壤条件（尤其是 pH 和氧化还原电位）。重金属有很多形态，如饮用水砷含量需小于 $10ng/mL$，而鱼体内的砷含量往往大于 $1000ng/mL$，但人们吃鱼并不会出现砷中毒，主要原因是重金属砷有无机态和有机态两种形态，前者毒性小而后者毒性大。水中砷都是三价和五价的无机砷，而鱼体内是砷甜菜碱。对于金属铬而言，六价铬比三价铬的毒性强 200 倍。对于金属汞而言，甲基汞毒性极大，因此旱地中的铬毒性大于水田，而水田中的汞毒性大于旱地。

微生物对金属的修复机理包括微生物吸附作用和微生物转化作用。生物吸附作用是指微生物能够表面吸附或者体内聚集重金属，与硫蛋白形成金属复合物，如图 5–5 所示，图中某些酵母菌可以吸附很多重金属（如铅、金、银、镍、铀等），吸附量甚至可以达到细胞干重的 90%。除了吸附重金属外，微生物还能转化重金属的形态，降低重金属的毒性，比如很多微生物（大肠杆菌、假单胞菌等）可以把高毒性的 Hg^{2+} 还原成为低毒的 HgO，再形成沉积物或挥发到大气中，微生物还可以把高毒性的 Cr^{6+} 还原成为低毒性的 Cr^{3+}，而硫酸盐还原菌

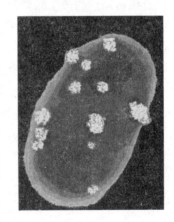

图 5–5 酵母菌吸附重金属图

可分泌 S^{2-}，其与重金属反应后产生沉淀，因为绝大多数金属的硫化物都不溶于水。

值得注意的是，单独使用微生物修复重金属在实际应用中并不多见，主要是植物 – 微生物联合修复重金属。因为单纯的微生物修复费用较高，而且现场处理不一定能成功，同时大多数重金属仍然存在于土壤中，并不能被完全移出土壤。有研究表明接种真菌可以增加东南景天对重金属镉的吸收，从而降低蔬菜茎叶中镉的含量，同时也降低了土壤中镉的生物有效性，因此超积累植物东南景天 + 速生植物黑麦草 + 真菌提取镉的效率最好。

五、有机污染物修复

常见的有机污染物包括：①多氯联苯，如电器的油和清洁剂。②多环芳烃，如煤、石油燃烧。③烷烃和芳香烃，如石油。④农药，如杀虫剂、除草剂。⑤酚类、多环芳烃，如木材防腐剂。这些有机物中有一些是持久性有机污染物（Persistent Organic Pollutants，POPs），是指具有长期残留性、生物蓄积性、半挥发性和高毒性，并通过各种环境介质（大气、水、土壤等）能够长距离迁移并对人类健康和环境造成严重危害的天然或人工合成的有机化合物。持久性有机污染物的特性有：持久性、生物蓄积性、半挥发性和长距离迁移性、高毒性。POPs 的来源包括：在露天场地焚化废物，包括填埋场地的焚化；冶金工业中的其他热处理过程；住户燃烧；使用矿石燃料的公用事业和工业锅炉；使用木材和其他生物量燃料的燃烧装置；使用机动车辆特别是使用含铅汽油的车辆；动物遗骸的销毁；纺织品和皮革染色（使用氯醌）和涂料（抽提碱）；处理报废车辆的破碎作业工厂；铜制电缆线的低温燃烧；废油提炼厂的生产等。

环境中持久性有机污染物的危害可通过消化道、呼吸道和皮肤等途径进入人体，产生各种危害；POPs 一旦通过各种途径进入生物体会在生物体内的脂肪组织、胚胎和肝脏等器官中积累下来，到一定程度后就会对生物体造成伤害。环境影响研究表明，POPs 可造成人的神经行为失常、内分泌紊乱、破坏生殖系统和免疫系统、使发育异常以及增加癌症和肿瘤。

有机污染物的微生物修复机理：首先要保证微生物能够接近基质，微生物具有趋向性，由于环境不同修复有机污染物的微生物差别很大。例如石油降解菌一般生长在油水界面上，既能接触到溶解在水中的氮、磷等营养元素和氧气，又能接触到碳源；其次，吸附固定是有机物代谢的重要保证。微生物能够分泌胞外酶，将大分子变成小分子，即具有水解作用；水解后的小分子再通过 5 种基质跨膜转运方式，透过细胞膜进入细胞内部；最后，细胞内的微生物代谢能够将有机物彻底或者部分分解，途径包括好氧呼吸、厌氧呼吸和发酵。

第三节　植物修复技术

一、植物修复的基本原理

除了微生物能用于生态修复外，植物修复也是一种重要的生态修复技术，它是以植物忍耐和超量积累某种或某些污染物的理论为基础，利用植物及其根际圈微生物体系的吸收、挥发、降解和转化作用来消除环境中污染物的一门环境污染治理技术。具体地说，植物修复就是利用植物本身特有的能够利用、分解和转化污染物的能力和植物根系特殊的生态条件，加速根际圈微生物的生长繁殖以及加强某些植物特殊的积累与固定能力，以提高对环境中无机和有机污染物的脱毒和分解效果。植物修复的技术方法包括：①利用植物固定或修复重金属污染土壤；②利用植物净化水体和空气；③利用植物清除放射性核素；④利用植物及其根际微生物共存体系净化有机污染物。

植物修复技术的基本形式有：植物净化、植物提取、植物挥发、植物降解、根际圈微生物降解、植物固定。

（1）植物净化

例如水体富营养化的治理，图 5－6 可看到被制成浮床的大椿草、水芹、多花黑麦草等植物，它们能去除公园水体中的氮、磷并抑制藻类滋生，同时又有很好的经济价值。

图 5 - 6　公园水体的植物净化

（2）植物提取

植物提取也称为植物富集，是指超积累植物的根系将土壤中重金属从污染的土壤中转移到植物地上的部分。目前世界上有 400 多种这样的植物。1583 年，学者切萨尔皮诺首次发现"黑色的岩石"上生长的特殊植物。1848 年，有两位学者测定该植物叶片中镍含量高达 7900 mg/kg。1977 年，学者布鲁克斯将这类植物命名为"超富集植物"。到了 1983 年，学者钱尼提出利用植物提取土壤中的污染物，再通过收割植物带走土壤中污染物的设想。

（3）植物挥发

植物挥发是指某些易挥发污染物被植物吸收后再从植物表面组织的空隙挥发到大气中。如桉树降解三氯乙烯，甲基叔丁基醚，印度芥菜降解硒化合物，烟草挥发甲基汞，都是这类植物修复方式。

（4）植物降解

植物降解是指利用某些植物特有的转化和降解作用去除水体和土壤中有机污染物质的一种方式。其修复途径主要有两个方面：一个方面是污染物被植物固定或者分解；另一个方面是根系分泌的物质直接降解根际圈内的有机污染物。如漆酶对 TNT 的降解，脱卤酶对含氯溶剂（如三氯乙烯）的降解等。

（5）根际圈生物降解

根际圈是植物根系与土壤微生物之间相互作用所形成的独特圈带，它存在众多的根系分泌物，包括糖类、氨基酸、有机酸、酶和氧气。植物中超过 20% 的营养成分都聚集在这里，因此根际圈会生长很多微生物，尤其在根表面向外 1～3mm 的地方，这里的微生物是没有种植过植物的土壤的 3～4 倍。这些微生物可以同植物相结合促进重金属的降解，也可以矿化某些有机污染物。例如，植物可转移氧气使土壤的好氧转化作用正常进行，降解不能被根系微生物单独转化的有机污染物。这就形成了植物与微生物的共生体：根系分泌物养育了微生物，微生物的活动也会促进根系分泌物的释放。

（6）植物固定

利用植物将有毒有害污染物如重金属聚集在根系地带，降低其活动性，阻止其向深层土壤或地下水中扩散，且有毒有害污染物不被植物利用。根系对污染物能起到固定作用的这类植物也叫固化植物。

与传统的修复技术相比，植物修复是一种容易接受、成本低、技术要求低的修复方法，可以应用于空气、地表水、土壤中污染物的修复。但是这种修复方式只适合于中低污染土壤的修复，与物理工程措施相比，植物修复技术耗时较长，会与较短修复时间的要求相矛盾，因此限制了它的实际推广。

二、重金属的植物修复技术

1. 概述

众所周知，重金属对植物具有危害。图 5-7（a）是吸收重金属以后的植物，可以发现植物出现黄斑，图 5-7（b）是植物的 X 射线放射自显影照片，可以看出金属元素所在的部位，图 5-7（c）是计算机重构的放射自显影图，可以清晰地看出金属元素所在的部位。

（a）   （b）   （c）

图 5-7　植物吸收重金属后的显影

一旦重金属存在于植物生长的环境中，就像人体的免疫机制一样，植物对重金属也会有抗性机制，来消除或减轻这种伤害，以使植物还能够继续生长。植物对重金属的抗性机制有五种途径：

第一种途径是植物通过某种"躲避"机制来阻止重金属进入体内，可以使大量重金属被阻止在根部，不会进入植物的地上部位，从而使植物免受伤害或减轻伤害。这种"躲避"机理一方面在于植物根系分泌的有机酸等物质改变了根际圈的 pH 及氧化还原电位，或者螯合金属抑制金属的跨膜运输；另一方面可能在于根部的真菌对重金属的屏障作用。但值得注意的是，当污染水平超过某一临界值时，这种抵御能力就会失去作用，植物仍然会受伤害。

第二种途径是植物将重金属排出体外。进入植物体内的重金属可以通过某些机制被植物排出体外，从而达到解毒的目的。排出的主要途径是排放，也可以通过衰老的方式，如分泌一些脱落酸促进老叶或受毒害叶片脱落等作用把重金属排出体外。

第三种途径是植物会钝化重金属的活性。植物会将体内的重金属沉积在细胞壁等生理活性较弱的区域，以此来阻止重金属对细胞的伤害。近年来的研究证实，许多植物将重金属累积在液泡中，这种区域化作用可将重金属与细胞内其他物质隔离开来。图 5-8 是非常著名的蜈蚣草，它的毛状体结构对砷具有特殊的富集能力，羽片胞液是砷的主要储存部位，砷毒因此被"密封"在蜈蚣草体内的安全部位，不会影响植物的整体生长发育。

图 5-8 蜈蚣草

第四种途径是植物的抗氧化防卫系统。植物受重金属污染后会产生一些抗氧化剂来保护自身系统，如超氧化物歧化酶、过氧化氢酶、谷胱甘肽还原酶等。

第五种途径是植物生态型的改变，如植物生长得特别矮小或肥大。

2. 重金属的植物修复机理

（1）植物挥发修复

某些易挥发污染物被植物吸收后可从植物表面组织空隙中挥发。植物挥发修复技术对于挥发性重金属的修复有显著效果，但将汞、硒等挥发性重金属转移到大气中的做法有可能带来新的环境风险，所以，植物挥发修复的应用范围较小。

目前这方面研究最多的元素是汞和硒。汞是一种易挥发重金属，主要以无机态汞和有机态汞的形态存在。研究发现，某些细菌可以通过酶的作用将甲基汞和离子态汞转化为毒性小得多的单质汞并挥发到大气中。因此，科学家在寻找汞超积累植物的同时，也试图将细菌体内对汞的转化基因转导到植物中去，由此提高植物对汞的挥发修复能力。美国科学家已成功将去除甲基汞毒性的两种基因转导到烟草和拟南芥中，这两种基因分别是汞离子还原基因和有机汞催化破坏基因，其中有机汞催化破坏基因能催化有机汞释放汞，然后由汞离子还原基因催化植物所吸收的汞，使之发生还原反应变为单质汞，再由植物把单质汞挥发到大气中去。如紫云英可以从污染土壤中吸收硒，之后将其在体内转化，并以二甲基硒和二甲基二硒等形态挥发掉。一些农作物如水稻、菜花、卷心菜、胡萝卜、大麦和苜蓿等对硒都有较强的吸收和挥发能力。

（2）植物固定/稳定化修复

植物固定是利用植物将重金属聚集在根系地带，降低其活性，阻止其向深层土壤或地下水中扩散，但重金属并不被植物利用，即根系可对污染物起固定作用。排异植物是能在重金属污染土壤上正常生长，体内重金属含量较低，或者根部重金属含量较高但地上部分重金属含量较低的植物。

植物稳定化修复只是暂时将重金属固定，并没有将其从土壤中去除，如果环境条件发生变化，重金属生物的有效性可能又会发生变化，因而并没有彻底解决重金属污染问题。目前，植物稳定化修复主要侧重于矿山复垦方面。

（3）植物提取修复

利用超积累植物从污染土壤或水体中超量吸收、积累一种或几种重金属元素，之后将植物整体（包括部分根）收获并集中进行热处理、化学处理或微生物处理，然后再重复上述步骤最终使环境中重金属含量降低到可接受的水平。一般来说，如某种植物能超量富集重金属含量超过 1% ~ 3%，就有希望用于土壤重金属污染的生物修复过程。

3. 重金属超积累（富集）植物

了解植物的这些机制后，就可以利用它们进行重金属的植物修复，主要方法有植物挥发、植物固定和植物提取 3 种。

超富集植物区别于普通植物的表现特征有两个：一是生活在重金属污染程度较高的土壤上，并且植物的地上部的生物量没有显著减少；二是超富集植物的地上部富集系数大于 1。富集系数是植物体内某种元素含量与根区土壤中该种元素含量的比值，用来表示植物对某种元素或化合物的积累能力。富集系数越大，表示植物积累该种元素的能力越强。表 5 – 1 是芦苇的不同部位对几种重金属的富集系数，由于对铜和锌地上部的富集系数都大于 1，可知芦苇能够进行这两种元素的富集。重金属超富集植物是植物修复的核心和基础。

表 5 – 1　　芦苇不同部位对几种重金属的富集系数（BCF）和转移系数（TF）

重金属	Cu		Zn		Pb		Cd	
	BCF	TF	BCF	TF	BCF	TF	BCF	TF
根	2. 81	—	5. 99	—	1. 3	—	3. 75	—
茎	1. 83	1. 06	3. 88	1. 38	0. 43	0. 98	1. 3	0. 6
叶	1. 15	—	4. 38	—	0. 84	—	0. 9	—

由于可以达到"种植物，收金属"的理想境界，重金属超富集植物向来是人们研究的重点。世界上已发现 400 多种典型的超富集植物，其中 70% 左右是 Ni 的超富集植物。

布氏香芥（图 5 – 9）是 Ni 超积累植物，当土壤中 Ni 总含量为 1600mg/kg 时，地上部 Ni 的平均含量为 6900mg/kg，富集系数为 4. 31。鸭趾草中铜的浓度能够超过 1000mg/kg，并未观察到明显的中毒症状，因此是 Cu 的超积累植物。东南景天是 Zn 和 Cd 的共超积累植物，这种能够积累多种重金属的植物是非常具有应用价值的。

但是植物提取技术的应用也存在一些制约：①只能积累某些元素，不能对所有关注的重金属都有积累；②生长缓慢，生物量低；③目前人们对超积累植物的农艺性状、病虫害、育种等知识了解较少。到目前为止，对富集重金属后的植物还没有比较妥善的处理办法，有人提出将富集完重金属的植物进行燃烧发电，也有人主张将其中的金属提取

图 5 - 9　布氏香芥

出来。但目前的技术手段还很难实现，而且这两种处理方法的成本都太高。一种现实的处理办法是暂时存放，可以将超富集植物烧成灰后当作特殊垃圾深挖、填埋，或是运到铅、锌等重金属矿区的尾矿库中，与尾矿渣一起处理，等将来技术手段进步了再进行提炼。美国一家环境公司对加拿大安大略省的镍污染土壤进行植物修复，每年从重金属回收中获得巨大的收益，有较好的商业化应用前景。

三、有机污染物的植物修复技术

植物不会像微生物那样吸收有机物用于自身的新陈代谢，因为微生物降解有机物是由于它们需要从分解有机物的过程中得到能量和物质，而植物合成的有机物来自于光合作用，并不会大量地利用环境中的有机物作为碳源或能源。这就决定了植物用于修复有机物污染土壤或者水体的局限性。

植物对有机污染物的修复作用有三种机制：直接吸收和降解、酶的作用、根际圈的微生物降解。

第一种机制是直接吸收和降解。植物根主要吸收中度憎水性有机物，中度憎水性的指标是 $0.5 \leq$ 正辛醇/水分配系数 ≤ 3.0，正辛醇/水分配系数是有机化合物在辛醇和水两相平衡浓度之比。憎水的有机物（正辛醇/水分配系数 > 3.0）被植物根部紧密吸附着不易进入植物体内。亲水的有机物（正辛醇/水分配系数 < 0.5）则不易被根部吸附，也不易进入植物体内。而中度憎水性有机物则容易被植物吸收，包括苯系物、氯代溶剂、短链脂肪族化合物。植物吸收后的有机污染物可以被木质化固定在新的组织中，也可以被矿化为二氧化碳和水，还可以被挥发到大气中。

第二种机制是酶的作用。这里的酶就是根系分泌物，能够降解有机物污染物。酶能在植物体内作用，也能被根系分泌到土壤或者水体中起作用。

第三种就是我们在重金属的植物修复一节中提到的根际圈的生物降解。植物以多种方式帮助植物根际圈的微生物体系来转化、降解有机污染物。

多环芳烃分解转化实例：苜蓿草和水稻已成功地用于土壤中多环芳烃的修复，能在6个月内将多环芳烃总量降低57%。经过研究发现，主要是通过植物和微生物的联合修复作用实现了多环芳烃的降解，因为在植物生长的条件下，土壤微生物降解有机污染物的功能明显增强。还有研究表明，黑麦草能够增加土壤功能细菌的多样性，对细菌种类具有选择性的促进作用，能加速农田土壤中多环芳烃的降解。

在石油分解转化实例中起主要修复作用的仍然是根系的分泌物和根际圈的微生物。研究表明，原油在无自然植被的土壤中短期内很难被降解，在长达2个多月的时间内仅降解了5%，而在有植被的条件下，经过120天以后净化效率可以达到53.8%，而且随着时间的增加，原油还会得到进一步的净化。

农药分解转化实例是水葫芦（学名凤眼莲），它可以去除水体中的有机磷农药、染料、酚、多环芳烃、甲基对硫磷等有机污染物，还能从污水中除去镉、铅、汞、铊、银、钴等重金属元素。虽然水葫芦有去除污染物的功能，但是它的繁殖速度极快，会阻碍其他水下植物生长，影响航运，窒息鱼类，难以根治，被列为世界十大害草之一。所以在应用水葫芦修复环境的时候也要注意避免它的不良影响，其实水葫芦在食品、饮料、饲料等方面都有利用的价值。除水葫芦外，还有一些耐药性植物也能够分解杀虫剂、除草剂、杀菌剂等。

第四节　污染水体修复技术

一、概述

当前，地表水、地下水、近岸海域等的水污染情况都不容乐观。珠江和长江水系的水质水平属于良好情况，但其他水系情况堪忧，比如松花江水系检测了108个断面，满足三类水的比例只有60%，而黄河断面满足三类水的比例只有59%，淮河断面这一比例只有53%，因此非常有必要开展污染水体的修复工程。

水体修复是利用物理、化学、生物和生态的方法减少水环境中有毒有害物质的浓度或使其完全无害化，使污染了的水环境能部分或完全恢复到原始状态的过程。从定义可以看出，水体修复包括物理修复、化学修复和生物修复3种方法。

表5-2是几种常用的物理修复方法，包括引水冲刷/稀释、人工曝气、机械/人工除藻、底泥疏浚4种，它们都有各自的适用水体和存在问题。①引水冲刷/稀释如苏州河综合调水工程，就是通过控制吴淞桥闸的启闭（涨潮时关闭，落潮时开启），将苏州河由潮汐往复流变为单向流，同时控制苏州河上下游支流水闸的启闭，增加上游清洁水的水量，减少污染支流的入流量，改善下游水质。②人工曝气也是常用的一种物理方法，目的是为微生物的新陈代谢提供氧气，促进有机物的生物降解，缺点是运行能耗较大。③机械/人工除藻是针对富营养化的水体，移除藻类的一种物理方法，但缺点是受风力和水流影响较大，适用于小面积的水体，而且不能彻底去除藻类生长的污染源。④底泥疏浚是近些年常用的一种物理手段，能够将水体的内源污染彻底清除，保证水体

长期维持修复后的生态环境，但是被清除底泥的最终处置是一个问题，底泥处理技术和资源化利用途径是需要重点关注的问题。

表 5 – 2　　　　　　　　　　　几种常用的物理修复方法对比

物理修复方法	适用的水体污染类型	主要机理	存在问题	工程实例
引水冲刷/稀释	富营养化 有机污染	降低污染物浓度，直接改善河流水质	污染物只是转移而非降解，会对流域的下游造成污染	苏州河综合调水工程
人工曝气	严重有机污染	氧化还原反应，促进有机污染物降解	耗能大，运行费用高	韩国釜山港湾的曝气设施
机械/人工除藻	富营养化	借助风力或造流水流	受风力和水流影响较大	太湖水环境修复工程
底泥疏浚	严重重金属与有机污染	移出河道内源污染物	底泥疏浚程度；被清除的污泥底泥的最终处置	昆明市草海底泥疏浚工程

表 5 – 3 是几种常用的化学修复方法，包括化学沉淀法、钝化法、酸碱中和法、化学除藻法。化学修复方法的优点是见效快，但是容易造成二次污染，适合突发性或小范围污染水体的修复。如今城市黑臭水体的治理是城市环境治理的重要内容，有些地方为了快速消除污染，采用应急加药的方式，把河道当成污水处理厂，加入大量的消除有机物的氧化剂、去除浊度的絮凝剂等药剂，严重威胁水体生态系统的安全，这些措施必须严格禁止。

表 5 – 3　　　　　　　　　　　几种常用的化学修复方法对比

化学修复方法	适用的水体类型	添加药剂	主要作用机理
化学沉淀法	富营养化	铁盐或铝盐	通过吸附或絮凝作用与水体中的无机磷酸盐产生化学沉淀
钝化法	富营养化	铝盐、铁盐、硫酸铝铁、钙盐、泥土颗粒和石灰石	与无机和颗粒磷产生沉淀
酸碱中和法	磷酸盐浓度和叶绿素水平较高	石灰	酸碱中和
化学除藻法	富营养化	易溶性的铜化合物（硫酸铜），或者整合铜类物质	直接杀死藻类

生物修复是一项利用培育的植物或接种的微生物，转移、转化及降解水中的污染物，从而使水体得到净化的技术。优点是可原位修复、不产生二次污染、工程遗留问题少、操作简便。生物修复的类型有物种调整、植被群落恢复和生物除藻 3 种。

（1）物种调整

增加水生物种如水生植物（可以大量吸收水体中的营养物质，提高水体溶解氧）、浮游动物（能够摄食浮游藻类，控制藻类密度）、水生动物（可以大量增加杂食性底栖动物或减少食浮游动物和底栖动物的鱼类）。

（2）植被群落恢复

就是恢复水生植物生态，包括恢复或补充沉水植物、挺水植物和浮游植物。我们可以改善植物的生境条件，如围隔消浪、促淤、底质改善、降低水位，也可以想办法如水下补光改善水体光照，增加水体透明度，还可以人工重建植被，如人为补充植物种类与数量，使水体具备自动恢复的能力。

（3）生物除藻

主要是激活外源微生物如酵母菌、放线菌、乳酸菌、光合细菌等微生物来分解污水中的有机物，代谢出抗氧化物质。

日常生活中遍布生物修复污染水体的例子。如生态塘就是一种资源化技术，它是降解转化进入塘中的有机污染物，并且将水生作物、水产动物作为资源回收，净化后的水体还可以作为再生水资源循环利用。

人工湿地不同于自然湿地，是由土壤和填料如卵石等混合组成的填料床，废水可在床体的填料缝隙中或床体的表面流动，同时在床体的表面种植处理性能好、成活率高的水生植物，如芦苇等，形成填料–植物–微生物复合的人工水生生态系统。图5–10是一种叫作水平表面流人工湿地的示意图：污水从左边进入人工湿地，经过填料上微生物的作用、填料的物理化学作用和植物的作用后，污染物被去除。

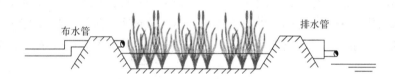

图5–10　水平表面流人工湿地的示意图

人工湿地的填料床能够过滤和截留去除颗粒物，通过吸附、络合、离子交换等作用，去除磷和重金属离子，填料以砂、砾石为主，另外还包括工业副产品石英砂、煤渣、陶粒、沸石等。湿地中的微生物能够降解有机污染物，去除水中的氮，是人工湿地降解污染物的主要途径。水生植物能够吸收富集氮、磷和重金属。

人工湿地的优点是对有机污染物有较强的降解能力，处理后的水质良好；可结合景观设计，种植观赏植物改善风景区的水质状况；造价和运行费用远低于常规处理技术。

二、湖泊污染修复技术

我国湖泊的主要生态问题是湖泊的萎缩退化形势严峻，与20世纪50年代相比，我国湖泊总面积减少了14000km^2，占湖泊总面积的14%。而且，湖泊水库富营养化严重，共同特征是总氮和总磷浓度高、透明度差、水体叶绿素过高。同时湖泊水库还受到来自周边居民生活、工业和农业的污染，导致湖泊水库生态结构受损，岸边湿地被破坏，使得湖泊水库失去了拦截流域非点源污染物的功能，造成湖泊水库的自净能力降低。所以亟须对湖泊水库进行生态修复。

湖泊水库水环境污染的主要污染源是工业废水和生活污水中重金属、有机化合物等有毒有害物质，主要污染物为 COD、总磷（TP）、NH_3、挥发酚及汞等重金属。我国富营养化湖泊水库的共同特征是总氮和总磷浓度高、透明度差、水体叶绿素过高。除此以外，湖泊水库萎缩的问题也比较严峻。部分水质较好的湖泊流域植被破坏、湿地减少、水土流失和湖泊淤积，加之工农业生产和城乡生活用水量激增，湖泊蓄水量减少，因此出现了湖面萎缩现象。

湖泊水库的水环境修复是指通过调控，使受污染损害的湖泊生态系统恢复到受干扰前的自然状态，恢复其合理的结构和功能。具体修复技术有四项，包括：湖泊水库的外源污染控制技术、内源污染控制技术、水动力学修复技术、藻类控制和去除技术。

第一项和第二项技术是外源污染控制技术和内源污染控制技术，内源和外源的划分标准是看污染物来自于湖泊自身还是湖泊以外的地区，如湖泊的底泥算内源污染源，而周边农村的生活污水算外源污染源。湖泊水库的外源污染控制技术是通过改变周边地区的生产和消费方式减少污染物的产生，建设相关处理设施，减少排入湖泊的污染物质，比如湖泊周边农村地区修建的生活污水处理设施。除内源和外源的划分法外，我们还可以把污染物的来源分为点源和面源。点源污染控制技术包括生活污染处理技术、工业废水处理技术、前置库技术。面源污染控制是在受保护的湖泊水库水体上游支流利用天然或人工库拦截暴雨径流，并通过物理、化学以及生物过程降低径流中污染物的浓度。面源污染的控制是湖泊水体修复中控制难度最大的。表 5-4 是一些常用的控制湖泊面源污染的方法，可以发现所有的措施都是为了不让上游流失的水土进入湖泊，如设置拦砂坝、前置库、拦砂植物带和人工湿地等。

表 5-4　　　　　　　　　　　　常用的控制湖泊面源污染的方法

措施	简介
工程修复、拦沙坝、草林复合系统、覆土植被	在山地水土流失区及侵蚀区，通过土石工程结合生物工程，控制水土流失和土壤侵蚀
前置库塘和沉砂池工程	在入湖支流自然汇水区，利用泥沙沉降特征和生物净化作用，使径流在前置库塘中增加滞留时间，增加泥沙和颗粒态污染物沉降和生物对污染物的吸附利用作用
拦沙植物带和绿化	拦沙植物结合生物吸附、净化作用可使拦沙植物带和绿化泥沙、氮、磷等污染物滞留、沉降。适用于堤岸保护、坡地农田防护等
人工湿地与氧化塘	在污染农业区，适用于处理农田废水和村落废水的混合废水

第三项技术是水动力学修复技术，通过人工措施防止水体分层或者破坏已经形成的分层，提高湖泊水库水体溶解氧的浓度。这项技术可以控制内源性污染，进而改善水体质量。措施包括引水稀释/冲刷、人工曝气和人工循环。这些措施的目的都是为了加快水体的交换频率，缩短污染物在湖泊水库中的滞留时间，从而降低污染物浓度，因为水体流动性的加强可以增加湖泊水库下层水体的溶解氧含量，从而抑制沉积物中污染物的活化能释放，也就是俗话常说的"流水不腐"。

第四项技术是藻类控制和去除技术。图5-11是2010年太湖暴发蓝藻的卫星遥感图,从图中可以看到整个太湖已经形成了大片的蓝藻水华区域,暴发了富营养化的水是不能作为饮用水水源的,那么如何消除水华呢?可以采用物理法、化学法和生物法。物理法有人工解层(将水体混合均匀,常用的是曝气或搅拌)、混凝沉淀(加入絮凝剂让藻类沉到水底)、机械打捞(这种措施只是应急,不能长期有效)。化学法是利用杀藻剂杀死藻类,操作简便,一次性使用,成本低,但是注意不能长期投用一种药,会对环境产生二次污染。生物法是利用水生动物、植物、藻类的病原菌和病毒来抑制和杀死藻类,能帮助湖泊形成完整生态系统后彻底控制湖泊的富营养化。

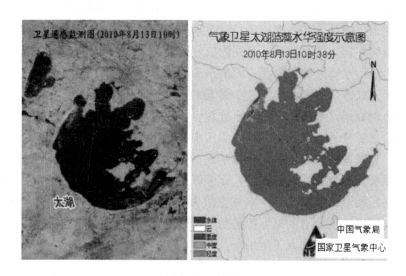

图5-11 2010年太湖暴发蓝藻的卫星遥感图

三、河流污染修复技术

河流污染是由于人类的活动,使得河流中某些物质的浓度增加,当排入河流中的物质的量超过自净能力对其降解、转化的量,改变了河流原有生态系统的能量交换和物质循环过程、破坏了河流生态系统的结构与功能、影响了人类对河流的可持续利用时,便形成了污染。

我国的河流污染问题已经形成相当严峻的局面。水利部曾对全国700余条河流、约100000km的河道展开水资源质量评价,结果表明:其中受污染且不能用于灌溉的河段约占10.6%,它们已经丧失了使用价值;受到污染的河段约占46.5%。因此,非常有必要对河流水体进行生态修复。修复的基本方式有引水稀释、强化自然净化、多功能河道生态工程、生物试剂添加、土地渗滤修复、稳定塘修复、湿地技术和底泥处理技术。

第一种修复技术是引水稀释,也是一种比较简单的方法,就是将清洁的水引入污染河流,加快水体流动,缩短污染物的滞留时间。主要通过河闸和抽水泵房等水利枢纽工程实现,但要注意这种物理方法只是转移污染物而不是降解它,会对污染区下游造成污染。

第二种是强化自然净化。它是有目的地向河流输送能量和物质，强化河流的自我净化过程，进而加快污染河流的修复。主要方法有河流水体曝气复氧技术、多功能河道生态工程、生物试剂添加技术 3 种。河流水体曝气复氧技术是向河流中人工增加氧气或者空气，提供给微生物来降解污染物，是广泛采用的一种方法，图 5-12 就是在对整个河道进行曝气。

图 5-12 河道曝气图

第三种是多功能河道生态工程。它是采用有效附着或固定微生物的基质来代替混凝土护坡，并培植水生生物，将城市河道改造成具有多种自然景观和生物类群的河道，进而利用水生生物来净化水中污染物质的生态工程技术，正如图 5-13 中表现的，人们在河道两旁种植了茭白和慈姑。

图 5-13 培植水生生物改造城市河道

第四种是生物试剂添加技术，又称投菌法，也是常用方法之一。它是向污染河流中投加微生物，提高污染物的降解效率，这些微生物包括硝化细菌、有机污染物高效降解菌和光合细菌。最常投放的微生物有光合细菌（简称 PSB）和高效微生物群（简称 EM）。PSB 可以吸收富营养化水体中的磷和氮，并把有机物转化为可被水生生物吸收的营养物质，进而可加速水体的物质循环，净化水体。EM 菌是采用发酵工艺，把筛选出的好气和兼气性微生物混合培养得到微生物群落，该群落含有 10 个属 80 多种微生物，主要有光合细菌、乳酸菌、酵母菌和放线菌 4 类。现在市场上都有商业化的菌剂销售。

第五种是土地渗滤修复技术。如图 5 - 14 所示，它属于陆生生态工程范畴，有 4 种类型，分别为：慢速渗滤、快速渗滤、地表漫流、地下渗滤。它们有各自的特点，需要根据实际情况选择。

①慢速渗滤是将河水分配到覆盖植物的土壤表面，河水在流经地表土壤 - 植物系统时被净化。②快速渗滤是将污染河水引流至具有砂滤性的土壤表面，污水在下渗过程中通过生物氧化、硝化、反硝化、过滤、沉淀、还原等一系列作用得以净化。③地表漫流是将污染河水引流至植被覆盖、坡度缓、渗透性较低的坡面上，使污水缓慢流动，生物通过吸收、挥发、脱氮、吸附、沉淀、氧化、过滤等作用净化水体。④地下渗滤系统是将污染河水引流至具有一定构造和良好扩散性能的地下土层中，污水再经毛管浸润和在土壤渗滤作用下向周围运动的过程中净化。

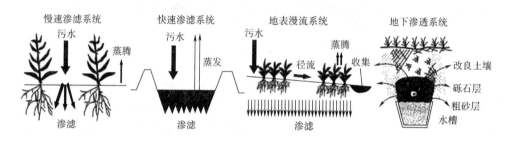

图 5 - 14　土地渗滤修复技术

第六种技术是稳定塘修复技术，是将污染河水引流至人工池塘，利用稀释、沉淀和絮凝作用或通过细菌、藻类、水生动物和水生植物的代谢降低水体中污染物浓度的技术（图 5 - 15）。可利用河边的洼地构建稳定塘，或直接在河道上筑坝拦水构建，一条河流可构建一级或多级滞留塘，其效率受温度、光照、营养物质、污染物性质、蒸发量和降雨量等因素影响。

按照内部生物种类不同，稳定塘可分为微生物稳定塘和水生生物塘。微生物稳定塘包括：好氧塘、厌氧塘、兼性塘、曝气塘。水生生物塘包括：水生植物塘和养殖塘。水生植物主要包括藻类和水生高等植物等，水生生物塘中一般种植几种高等植物用以同化和贮存污染物，并向根围输氧，为微生物存活提供条件，促进微生物分解污染物的能力。养殖塘修复是利用稳定塘系统进行水产养殖，形成由原生生物、浮游生物、底栖动物、水生植物、鱼类、禽类组成的复杂食物网，可解决普通好氧塘和兼性塘缺乏竞争、藻类含量过多的问题，同时降低污染物浓度。

第七种是湿地技术。它是在水体中适当布置既有观赏价值又有净化功能的浮水和挺水植物，不仅使水体具有观赏性，而且增强了水体的生物净化功能。

第八种是河流底泥处理技术。底泥是陆源性侵入污染物（营养物、总金属、有机毒物等）的主要蓄积场所，被污染的湖泊河道底泥丧失自净呼吸功能已成为加速水体生态

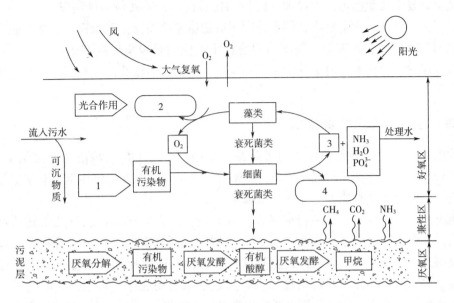

图 5 – 15　稳定塘修复技术

失衡的主要内源因素。这一技术按场地可分为原位处理和异位处理；按处理原理可分为物理修复和生物修复。原位修复指的是底泥无须进行采挖疏浚，直接在底泥上采用覆盖、钝化与直接的生物修复（如淋洗、富集）等方法来去除和稳定底泥中的污染物，此种技术日益受到关注。异位处理是指将河流底泥进行疏浚以后再对底泥进行处理。通常情况下，当底泥中的污染物浓度超过其相应地区背景值的 2～3 倍时，就会认为它对该水体生态系统有潜在危害，需要考虑进行清淤处理。国内外的污染底泥控制技术主要分为物理法、生物法和化学法。

物理法主要包括以覆盖为主的原位修复法和疏浚为主的异位修复法。原位物理修复包括原位覆盖、引水、电化学修复等方法，其中最常用的修复手段是原位覆盖和引水。原位覆盖是指在底泥的表层覆盖一层物质，可有效阻止沉积物中污染物向上部水体的再悬浮和扩散，在很大程度上降低污染物的扩散通量，但由于大量覆盖物的存在会改变水流流速、减少水体容积，不太适合河流、湖泊和港口等对水力条件有要求的区域，比较适用于深海底泥修复。异位物理修复方法中的底泥疏浚是应用最广泛的处理技术。底泥疏浚通过物理方法（机械疏挖或水力冲洗等）来清除污染后的底泥或底泥中的污染物，减少底泥向上覆水体中释放污染物，以达到缓解水体内源污染、改善上覆水质和修复水体生态的目的。

生物修复指利用生物代谢活动减小底泥污染物的含量，使水体环境得到恢复的方法，主要包括微生物修复、植物修复、动物修复及联合修复等手段。其中植物修复的机理主要为：根际生物降解、植物积累、植物降解和植物稳定。用植物修复污染底泥具有一定的效果，实验表明，某些沉水植物和挺水植物通过自身的生长代谢可以大量吸收底泥中的氮、磷等营养物质，其中一些种类还可以富集不同类型的重金属或者吸收降解某些有机污染物。

化学修复主要是向水体中投加一定量的化学药品，使其与污染物发生一系列氧化、还原、沉淀、聚合等化学反应，使水体中污染物稳定地保持在沉积物中。絮凝脱水技术是通过向泥浆内投加絮凝剂，使泥浆混合物中某些固相聚集形成絮团，使之"脱稳"，以实现泥水分离的技术。由于其操作方法简单、干化成本较低，日渐成为研究底泥干化技术的重点。

四、地下水污染修复技术

我国的地下水正受到来自不同污染源的威胁，全国 195 个城市的监测结果表明，97% 的城市地下水受到不同程度污染，40% 的城市地下水污染趋势加重，严重威胁到供水安全，因此有必要对地下水开展生态修复工程。

地下水修复相对于湖泊和河流来说比较复杂，因为它在地表以下几米到几百米不等，它的工作程序一般是从准备工作到野外调查，再到室内整理，最后到实际操作监测。勘探是比较辛苦的一项工作，包括钻探、物探及遥感探测，需要查明水文地质条件、地下水污染带的分布和污染途径，研究地下水运动规律。除了野外的勘探工作之外，还要做一些室内试验，分析水样的化学指标，采集土壤样品进行试验。常用的地下水修复技术有 4 种：抽出处理、气体抽提、空气吹脱和可渗透反应墙。

抽出处理技术，如图 5－16 所示。这种技术比较简单，就是将被污染的地下水抽到地表，通过处理设备去除污染物后将干净的水返回到地下。这种技术适用于短时期污染地下水的应急控制，不宜作为场地污染治理的长期手段。而且，虽然这种技术可处理多种污染物，但不宜用于处理吸附能力较强的污染物及渗透性较差或存在非水相液体的含水层。

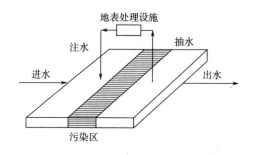

图 5－16　污染地下水的抽出处理技术

气体抽提技术，如图 5－17 所示。它是利用真空泵和井诱导污染区域产生气流，将污染物转变为气体，抽提到地表后进一步处理。这种技术属于原位操作，设备容易安装和转移，易与其他技术组合使用，适用于渗透性较好的地层，对挥发性有机污染物的修复效果显著，是美国加油站污染区域的"标准技术"。

空气吹脱技术，如图 5－18 所示。它是在一定的压力条件下，将压缩空气注入受污染区域，形成携带污染物的气流，将这些气体收集后进一步处理。能够被吹脱、挥发的有机物包括苯、甲苯、苯乙烯、二甲苯、氯代烃溶剂和一般溶剂等，但要注意这种方法会导致非挥发性的污染物区域进一步扩大。

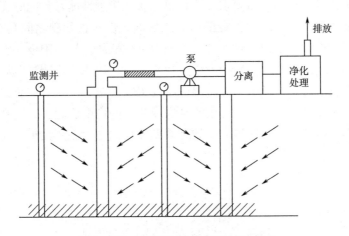

图 5 – 17　污染地下水的气体抽提技术

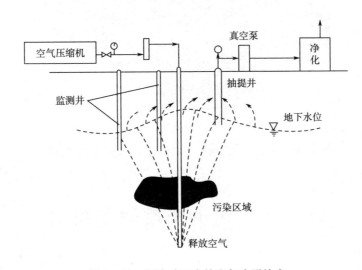

图 5 – 18　污染地下水的空气吹脱技术

可渗透反应墙技术。它是一种由渗透性反应介质（如铁、微生物、活性炭等物质）构成的反应阻截装置，用于地下水修复。根据填充的反应介质不同，可以分为铁反应墙、好氧生物反应墙、厌氧生物反应墙和压缩空气反应墙，它们的性能对比如表 5 – 5 所示。

表 5 – 5　　　　　　　　　　不同类型可渗透反应墙的性能对比

反应墙类型	污染物	去除原理
铁反应墙	有机氯化物，硫酸盐，氯苯硝酸盐	化学还原
活性炭、草皮、有机肥等好氧生物反应墙	所有污染物	吸附
厌氧生物反应墙	有机氯化物，氯苯，硝酸盐，硫酸盐	微生物还原
压缩空气反应墙	苯类，苯乙烯，多环芳烃，废油	微生物氧化

铁反应墙是在墙体中加入零价铁颗粒，铁元素能起到强烈的还原作用，将卤代烃中的卤族元素脱去，铁颗粒的制备要求反应接触面大、渗透性能好，同时还要保证最低浓度的含碳量。将铁屑和碳颗粒浸没在酸性废水中时，由于铁和碳之间具有电极电位差，废水中会形成无数个微原电池。这些细微电池以电位低的铁作为阳极，电位高的碳作为阴极，在含有酸性电解质的水溶液中发生电化学反应。生物反应墙是填充微生物生长的载体来促进污染物的降解，类似于人工湿地中的填料。图 5-19 是一个铁反应墙，可以看到在挥发性有机氯化物污染的地下水流到农业用地的途中建起了一堵铁反应墙，保护农业用地的安全。可渗透反应墙技术的处理周期较长，一般需要数年，在北美和欧洲等发达国家有较多应用。

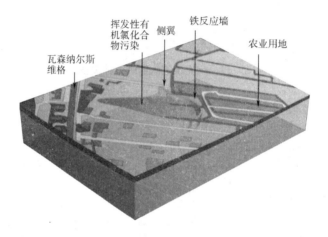

图 5-19 可渗透反应墙防止农业用地受到污染的示意图

第五节 污染土壤修复技术

一、概述

土壤是地球上陆地的表面，是由固态岩石经风化形成的能生长绿色植物，由固、液、气三相物质组成的多相疏松孔体系，其物理状态是矿物质、有机质、水、空气，具有孔隙结构的介质，是地球的宝贵资源和人类生存的基础。

土壤污染就是土壤中某种成分的含量明显高于原有含量时构成的污染。人类活动产生的污染物质通过各种途径输入土壤，其输入速率超过了土壤净化作用的速率，破坏了自然动态平衡，使污染物质的积累逐渐占据优势，导致土壤正常功能失调，土壤质量下降，从而影响土壤动物、植物、微生物的生长发育及农副产品的产量和质量。

我国的土壤正面临着日益严重的污染，更严重的是我们对于污染到目前为止还没有清楚地认识。现有资料表明，全国土壤环境状况总体不容乐观，部分地区土壤污染较重，耕地土壤质量堪忧，工矿企业废弃地的土壤环境问题十分突出。污染类型以无机型为主，有机型次之，复合型污染比重较小，无机污染物超标点位数占全部超标点位的82.8%。全国土壤总的点位超标率为16.1%。近年来，因为土壤污染造成的"毒米""毒地"等事件对人民的身体健康造成了严重的危害，同时也引发了人们对土壤污染的广泛担忧。

污染土壤修复技术是指通过物理、化学、生物和生态工程的方法，采用人工调控措施，使土壤污染物浓度降低或无害化和稳定化的措施。目前有很多种污染土壤修复技术，如表5-6所示，按照修复场地来分，可以分为原位修复和异位修复，原位修复的技术有蒸汽浸提（从土壤中抽气）、生物通风（向土壤中吹气）、原位化学淋洗（加入淋洗液）、热力学修复（加热土壤）、化学还原处理墙（即可渗透反应墙）、固化/稳定化（将污染物固定在土壤中）和电动力学修复（通电）。按照技术类别来分，土壤修复可以分为物理修复、化学修复、生物修复、生态工程修复和联合修复。

表5-6 　　　　　　　　　　　污染土壤修复技术类型汇总

分类		技术方法
按修复场合分类	原位修复	蒸汽浸提、生物通风、原位化学淋洗、热力学修复、化学还原处理墙、固化/稳定化、电动力学修复
	异位修复	蒸汽浸提、泥浆反应器、土壤耕作法、土壤堆腐、焚烧法、预制床、化学淋洗
按技术类别分类	物理修复	物理分离、蒸汽浸提、玻璃化、热力学、固定/稳定化、冰冻、电动力学
	化学修复	化学淋洗、溶剂浸提、化学氧化、化学还原、土壤性能改良
	生物修复	微生物修复：生物通风、泥浆反应器、预制床 植物修复：植物提取、植物挥发、植物固化
	生态工程修复	生态覆盖系统、垂直控制系统和水平控制系统
	联合修复	物理化学生物：淋洗-生物反应器联合修复、植物-微生物联合修复、菌根菌剂联合修复

相较于欧美40年的土壤修复历史而言，我国土壤修复技术的研究起步较晚，仍属新兴行业，尚未有很好的理论积累和技术储备。2004年，北京"宋家庄事件"开启了我国土壤修复的工程应用。截至目前，我国已成功完成了多个土壤修复案例，如北京化工三厂、红狮涂料厂、沈阳冶炼厂等土壤污染地块的修复，这些案例为我国土壤修复提供了宝贵的技术和管理经验。在我国土壤修复项目中，原位修复在污染农田修复、矿山修复、盐碱地修复工程中占主要比例，分别为88%、79%与100%，其他污染场地修复以异位修复为主，原位修复技术的应用比例仅为33%。但是，异位修复技术成本相对较高，修复过程中的能耗较大，挖掘、转运、处置中有产生二次污染的风险，都是亟须解决的问题。

二、物理修复技术

污染土壤的物理修复技术是利用适当的物理修复方法降低土壤中污染物浓度的技术，包括物理分离、蒸汽浸提、固定/稳定化、玻璃化、热力学和热解吸修复技术。

（1）物理分离修复技术

它是依据污染物和土壤颗粒的特性，借助物理手段将污染物从土壤分离开来的技术。它工艺简单，费用低，往往是不可或缺的预处理方法，特别是在异位修复中。技术类型有粒径分离、密度分离、浮选分离、水动力学分离、磁分离5种。

（2）蒸汽浸提修复技术

它是向污染土壤中引入清洁空气，产生驱动力，利用土壤固相、液相和气相之间的浓度梯度，在气压降低的情况下将液态污染物转化为气态排出土壤的过程。可想而知，这种方法只适用于高挥发性污染物，如汽油、苯和四氯乙烯。土壤蒸汽浸提技术的缺点是很难达到90%以上的去除效率，而且在低渗透土壤和有层理的土壤上很难确定有效性。蒸汽浸提修复技术可分为原位蒸汽浸提、异位蒸汽浸提技术和两相、多相浸提技术。

（3）固定/稳定化修复技术

它是通过物理和化学的作用稳定土壤污染物的一种技术，通常是向土壤添加黏结剂，形成石块状固体。采用的黏结剂主要有水泥、石灰和热塑料等。该技术具有以下优点：①费用低；②加工设备简单；③稳定性强；④凝结在固体中的微生物很难成长，不会损坏结块布局。可是，该技术在使用过程中的影响要素较多，例如土壤中水分及有机污染物的含量、亲水有机物的存在、土壤的性质等都会影响修复效果，而且该技能仅仅暂时下降了土壤的毒性，并没有从根本上去掉其污染物，当外界条件改变时，这些污染物质还有可能释放出来污染环境。

（4）玻璃化修复技术

如图5-20所示，它是通过高强度的能量输入使污染土壤熔化，将含有挥发性污染物的蒸气回收处理，污染土壤冷却后形成玻璃状团块，从而被永久固定。从广义上说，玻璃化技术属于固定化技术的范畴。土壤熔融后，污染物被固定在稳定的玻璃体中，不会再对环境产生污染，但同时土壤也将完全丧失生产力，失去原有的特性，利用价值也大大降低。原位玻璃化通过向污染介质中插入电极，对污染介质固体组分予以1600～2000℃的高温处理，使有机污染物和一部分无机化合物如硝酸盐、硫酸盐和碳酸盐等挥发或热解而从污染环境中去除，它适用于含水量较低、污染物深度不超过6m的土壤。原位玻璃化的处理对象可以是放射性物质、有机物、无机物等多种干湿污染物质，其构成包括：电力系统、封闭系统（使逸出气体不进入大气）、逸出气体冷却系统、逸出气体处理系统、控制站和石墨电极。异位玻璃化使用等离子体、电流或其他热源在1600～2000℃的高温中熔化土壤及其中的污染物，有机污染物热解或者蒸发去除，有害无机离子则得以固定化，产生的水分和热解产物由气体收集系统收集进一步处理。

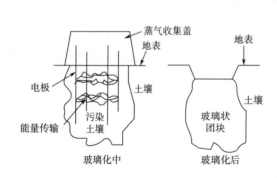

图5-20 玻璃化修复技术

（5）热力学修复技术

由于玻璃化的温度太高，能耗巨大，同时使土壤的性质发生了巨大的改变，可以适当降低温度，选用热力学修复技术。它是利用热传导（包括热毯、热井或热墙等）或热辐射（包括无线电波加热）等方式来加热污染土壤，降低污染物浓度的技术。热处理修复技术最常用于处理有机污染的土壤，也可以处理部分重金属污染的土壤。高温产生的一些物理或化学作用如挥发、燃烧、热解等会将土壤中的有毒物质去除或破坏。高温加热修复技术是通过热毯或加热井中的加热器件进行热传导加热，并通过汽提井和鼓风机将水蒸气和污染物收集起来加以处理的技术。

热毯系统采用覆盖在土壤表层的加热毯加热，每一块加热毯上面都覆盖一层防渗膜，内部设有管道和气体排放收集口。各个管道的气体由总管引至真空管。土壤加热及加热毯地下面的抽风机造成的负压使得污染物蒸发，汽化迁移到土壤层中，再将气态的污染物引至热处理设施进行氧化处理。

热井系统将电子元件置入间隔 2~3m 的竖直加热井中，加热井升温至 1000℃ 后加热周围的土壤，热量从井中向周围土壤进行热传导，井中安装有孔筛网，其上部由装置连接到总管，利用真空将气流引入处理设施氧化、吸附有机物。

低温加热修复技术利用蒸汽井（蒸汽注射钻头、热水浸泡或电阻加热产生蒸汽）加热土壤，温度可达 100℃，蒸发污染物，使非水质液体进入提取井，再利用潜水泵收集流体，真空泵收集气体，送至处理设施进行处理。

电磁波加热修复技术是由无线电能量辐射布置系统、无线电能量发射传播和监控系统、污染物蒸汽屏障包容系统和污染物蒸汽回收处理系统 4 个部分组成的污染土壤加热修复系统。

（6）热解吸修复技术

它是利用直接或间接热交换，通过控制热解吸系统的床温和物料停留时间，有选择地使污染物得以挥发去除的技术。处理对象包括：挥发性、半挥发性有机物、高密度有机物，如 PCBs、多环芳烃 PAHs、二噁英等。土壤中污染物的去除分为两步：一是加热污染介质使污染物挥发，二是处理废气防止污染物扩散到大气。

以宁波化工研究院场地修复为例，自 20 世纪 60 年代起这块场地就开始进行有机合成的化学实验，有机物包括各种助剂、涂料、黏合剂等，由此产生的洗液和废渣导致土壤和地下水受到污染。土壤采样分析发现，3 个位点是半挥发性有机物多环芳烃，2 个位点是挥发性有机物，包括氯苯、苯、二甲苯、三氯乙烯等。依据污染物浓度大小，修复单位采用了热解吸处置 2200t 高浓度土壤，采用垃圾填埋场处置 5560t 低浓度土壤，最终修复了该场地。

三、化学修复技术

污染土壤的化学修复是利用加入到土壤中的化学修复剂与污染物发生一定的化学反应，使污染物浓度降低的技术。化学修复剂包括氧化剂、还原剂、解吸剂、增溶剂和沉淀剂。技术类型包括土壤性能改良、化学氧化修复、化学还原修复、化学淋洗、溶剂浸提。表 5-7 是各种化学修复技术方法的适用范围，土壤性能改良只适合无机污染物，其他方法适合有机污染物，其中化学淋洗技术的适用范围最广。

表5－7 不同化学修复技术的适用范围

类型	适用范围
土壤性能改良	无机污染物，重金属和非金属及腐蚀性物质
化学氧化修复	油、有机溶剂、多环芳烃、农药及非水溶态氯化物
化学还原修复	氧化态金属（六价铬、六价硒）、含氯有机物、非饱和芳香烃、多氯联苯、卤化物和脂肪族化合物
化学淋洗	适用范围广泛
溶剂浸提	有机污染物如多氯联苯（PCBs）、石油类碳氢化合物

（1）土壤性能改良技术

通过土壤性能改良的方法使污染物转化为难迁移、低活性物质而从土壤中去除。这种方法主要针对重金属污染，也称重金属钝化法，适用污染程度较轻的土壤。常用的改良剂有石灰性物质、有机物质及黏土矿物、离子拮抗剂、化学沉淀剂。石灰性物质如生石灰能够增大土壤 pH，改良土壤结构。有机物质及黏土矿物一方面能提高土壤的肥力，另一方面可以增强土壤对重金属离子和有机物的吸附能力，使污染物分子活性降低。还可以施加离子拮抗剂，比如锌和镉，施入锌肥能缓解镉对微生物的毒害作用。另外向土壤中添加的化学沉淀剂如磷酸盐化合物可以与重金属形成难溶的沉淀。最后还可以调节土壤 pH，控制土壤中重金属的迁移，例如将汞或砷污染的水田改为旱地。总之，土壤的改良技术有很多，需要根据实际情况选择。

（2）化学氧化修复技术

通过在污染土壤中设置不同深度的钻井，然后通过钻井中的泵将化学氧化剂注入土壤，使氧化剂与污染物发生反应，降低污染物浓度。适用于难以降解的有机污染物的去除，如油、有机溶剂、农药等。这种技术的优点是反应产物为水和二氧化碳，对环境无害，而且泵出的液体不需要进行再次处理，还可以去除地层深处的污染。常用氧化剂有双氧水、高锰酸钾和臭氧 3 种。以双氧水为氧化剂的芬顿反应的优势是 Fe^{2+}、H_2O_2 均无毒，且价格便宜，催化体系中不需要额外的光照，H_2O_2 以电化学方式自动产生，增加了修复效率，不受污染物浓度限制，反应速率快，但这种技术要求的 pH 偏酸性，最适合的 pH 值为 2～4；高锰酸钾的优势是降解性能稳定，无需加入催化剂；臭氧的优点是分散能力强，缺点是在土壤中降解能力有限。

（3）化学还原修复技术

它是利用化学还原剂将污染物还原为难溶态物质，从而使污染物在土壤环境中的迁移性或活性降低的方法。如渗透反应墙技术适用地下水的污染治理，欧美等国家已广泛用其治理污染水中的有害物质。化学还原修复过程有 3 个阶段：注射；抽提试剂；抽提反应物。缺点是：只能限制污染物的进一步扩散，不能原位修复；泵的使用需要能量供给，且系统需要定期维护检修；一旦停止泵抽提，污染就会重新形成。常用的化学还原剂有 H_2S、SO_2 和铁。

（4）化学淋洗技术

如图 5 – 21 所示，它是借助能促进土壤环境中污染物溶解或迁移的化学或者生物化学溶剂，在重力作用下或通过水压，推动淋洗液注入被污染土层中，与污染物反应，然后再把包含有污染物的液体从土层中抽提出来，进行分离和污水处理。清洗液通常是水，也可以是无机盐、有机酸、螯合剂、表面活性剂等。淋洗剂的选择取决于土壤中的重金属和添加淋洗剂后形成的金属形态，金属在土壤中的移动性由酸度、溶液离子强度、氧化还原电位和络合物的形态决定。螯合剂是土壤淋洗技术中最常用的淋洗剂，EDTA（乙二胺四乙酸）是较常用的螯合剂之一，这是由于 EDTA 在很宽的 pH 范围内与大部分金属的结合能力都很强，能够形成稳定的络合物。

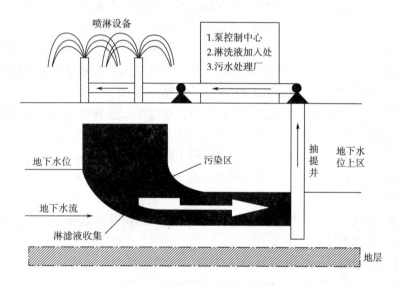

图 5 – 21　化学淋洗技术示意图

（5）溶剂浸提技术

溶剂浸提技术相当于给土壤泡澡。它是利用溶剂将有害化学物质从污染土壤中提取出来或去除，主要处理不溶于水的污染物，如油脂、多氯联苯等。适用于大面积、重度污染的场地治理，尤其是轻质土和砂质土场地。该方法在去除重金属的同时也会使土壤营养元素流失、土壤结构破坏，导致土壤肥力下降，而且会污染水体，造成二次污染。

四、生物修复技术

污染土壤的生物修复技术是利用生物（包括动物、植物和微生物），通过人为调控，吸收、分解或转化土壤中污染物的过程。具有成本低、不破坏土壤结构、无二次污染、操作简单的特点。按照修复场地类型可分为异位修复和原位修复。

污染土壤的异位修复技术是将污染土壤和沉积物移离原地，在异地接种微生物，降解污染物，使受污染的土壤恢复原有功能的过程。具体方式有 5 种，分别为：土地填埋、生物农耕、预备床、堆腐、泥浆生物反应器。

土地填埋是将污染土壤与水混合成泥浆，施入土壤，通过施肥、灌溉、添加石灰等方式调节土壤营养、湿度和 pH，促进污染物的降解。参与降解的微生物是土著土壤微生物，为了提高降解能力也可加入外来微生物。

生物农耕是通过促进通风、加入化肥或有机肥、调节 pH（加入石灰、明矾、磷酸）等手段，提高污染土壤中的好氧微生物生长与代谢速率，加速污染物降解。

预备床所需的设备包括衬里、通气管道等，是将污染土壤运输到呈上升的斜坡进行堆放，进行生物恢复的技术。处理过程中也需要通过施肥、灌溉、控制 pH、添加微生物和表面活性剂等方式促进微生物对污染物的降解速率，处理后的土壤再运回原地。这种方法可防止污染物向地下水或更广大地域扩散，效率较高。为避免污染物外溢，淋滤液收集系统和外溢控制系统会收集从系统渗流的水并重新处理。

堆腐法是将污染土壤与有机物等混合后堆积，通过翻耕来增加土壤透气性和改善土壤结构，同时控制湿度、pH 和养分，促进土壤中微生物降解污染物。

最后一种是泥浆生物反应器，这是一种用于处理污染土壤的特殊反应器，可建在污染现场或异地。污染土壤与水混合成泥浆后装入反应器内，先通过控制条件来提高处理效果，处理结束后通过分离器脱除泥浆水分，并循环再用。

污染土壤的原位修复技术是在土壤污染处，通过添加营养物、供氧和接种微生物等措施提高土壤的生物降解能力，同时把地下水抽至地表，进行生物处理后再注入土壤中，以再循环的方式改良土壤。这种方法适用于渗透性较好的不饱和土壤，不破坏土壤的结构，对周围环境影响小，生态风险小，处理工艺和过程简单，不需要复杂的设备，处理费用较低。

生物强化法改变生物降解中微生物的活性和强度，可分为培养土著微生物的生物培养法和引进外来微生物的投菌法。

生物培养法定期向土壤投加 H_2O_2 和营养，以满足污染环境中已存在的降解微生物的代谢需要，使土壤微生物通过代谢将污染物降解。

投菌法向污染土壤接入外源的微生物，同时提供这些细菌生长所需氧和营养，以便使接入的微生物通过代谢将污染物降解。

生物通风法在污染土壤中设置通气井并于其中安装鼓风机和真空泵，向土壤输入气体并抽提其中气体，使得土壤氧含量提高的同时，CO_2 含量降低，进而提高微生物代谢速率。

泵出生物法需要在污染区域钻井，井分为两组井，一组是注入井，通过其向土壤注入微生物、水、营养物和电子受体（如 H_2O_2）；另一组是抽水井，通过其向地面上抽取地下水，造成地下水在地层中流动，进而促进微生物和营养物质的均匀分布，保持氧气供应。此法可用于修复受污染地下水和由此引起的土壤污染。

在我国，业主一般要求"彻底"去除污染物，即土壤中污染物的去除优先于土壤中污染物的控制。以北京某染料厂为例，1964 年该厂搬迁到朝阳区，位于东三环内，地理位置极佳。2003 年全面停产，40 年的工业历史导致场地土壤受到各种染料、有机颜料以及重金属的污染。场地内共有 50000m³ 的污染土壤需要进行修复，由于地块开发的需要，工期仅为 6 个月，业主要求"彻底"去除污染物。而在国外，类似案例可供修复的时间长达数年甚至数十年之久。针对我国的污染场地修复项目的特征——"工期短、去除尽、预算足",土壤修复技术宜采用"异位修复技术为主,原位修复技术为辅"的策略,应优先考虑的修复技术包括:固化稳定化、热解吸、焚烧、蒸汽抽提、生物通风等。

❓ 复习思考题

1. 什么是环境生态修复?常用的修复方法有哪些?
2. 污染水体的修复技术有哪些?
3. 污染土壤的修复技术有哪些?

第六章 固体废物污染及处理技术

第一节 概　　述

一、固体废物的概念

《中华人民共和国固体废物污染环境防治法》指出，固体废物是指在生产、生活和其他活动中产生的丧失原有利用价值或者虽然没有丧失利用价值但被抛弃或者放弃的固态、半固态和置于容器中的气态的物品以及法律法规规定的纳入固体废物管理的物品，简称固废。

固体废物来自生产、生活活动。其中，人类在生产过程中产生的固体废物称为工业废渣，人类在生活过程中产生的固体废物称为生活垃圾。固体废物的产生有其必然性：一方面是人类在利用资源的时候，根据活动自身需要总有部分物品作为废物而扔掉，如加工过程产生的边角料；另一方面，产品是有使用寿命的，超过一定期限的产品就会成为废物，如超过服务期限的汽车如果超期继续使用，会对人身安全构成危险。

固体废物具有明显的时空分布性。从时间上讲，随着科学技术的进步、各类资源的枯竭，昨天的废物必将成为明天的资源。从空间上讲，废物仅仅相对于某一个过程或某一个方面没有了使用价值，并不代表该废物在一切过程或方面没有使用价值。如人们日常生活中丢弃的矿泉水瓶、可乐饮料瓶等被扔掉后就成了固体废物，但是当这些塑料瓶在一定时间和地点被收集后却是生产涤纶的重要原料，这些被重新利用的塑料瓶就会成为资源，所以固体废物又被称为"放错地点的资源"。

二、固体废物的分类

固体废物可以按照化学性质、来源、形态、污染特性等进行分类。

（1）按化学性质分类

固体废物可分为有机废物和无机废物。固废中的无机类物品和物质称为无机废物，它们是不可被微生物分解的。主要来自瓶、罐和其他包装用的废金属和废玻璃，以及废家具、电器、厨具和废弃车辆中的废金属和废玻璃，还包括一部分燃料废渣和生活渣土，如玻璃瓶、塑料、陶瓷、金属、灰土等。

固体废物中的有机类物品和物质称为有机废物，主要包括农业有机废物（秸秆、禽畜粪便、农副产品废弃物等）、工业有机废物（工业中产生的高浓度有机废液、废渣等)、市政有机垃圾(厨余垃圾、动植物残体、园林废弃物、市政污泥等)。有机废物中一般含有超过20%以上的有机质,将其视为一种潜在资源,而不是简单地作为一种污染废弃物,是一种资源和生态和谐的新理念。

(2)按来源分类

固体废物可分为城市垃圾、工矿业废物和农业废物等。城市垃圾一般包括纸张、塑料、玻璃、金属、厨余垃圾等,表6-1是城市生活垃圾的典型组成。城市生活垃圾的组成、产生量及组分与城镇化水平、废旧物资回收利用程度、生活习性、季节气候、环境条件等因素有密切关系。如1950年世界城市人口比例占29%,2014年这个数字上升到54%。预计到2025年世界人口的60%将住在城市或城区周围,到2050年这一比例将达到66%。一般来说,城市生活水平越高,垃圾产生量越大,在低收入国家的大城市,每人每天产生0.5~0.8kg垃圾;在工业化国家的大城市,每人每天产生的垃圾通常超过1kg。

表6-1 城市生活垃圾典型组成

组成	质量/%	组成	质量/%
纸及纸制品	37.8	厨余垃圾	14.2
塑料	4.6	庭院废弃物	14.6
橡胶及皮革	2.2	玻璃及陶瓷	9.0
纤维	3.3	金属	8.2
木屑	3.0	其他	3.1

工矿业废物主要是由工矿企业产生的,主要是工业生产、加工过程中产生的废渣、粉尘、碎屑、污泥以及在采矿过程中产生的废石、尾矿等,不同行业产生的固废千差万别。

农业废物主要包括农林牧副渔各项生活中丢弃的固体废物,主要成分是农作物秸秆、枯枝落叶、木屑、动物尸体、大量家禽家畜粪便以及农业用资材废弃物(肥料袋、农用膜)等。

(3)按形态分类

固体废物可分为固态、液态和气态废物。在我国,大部分的废弃物掺杂在废水和废气中直接或间接排放到环境中,但有一些液体废物和不能排入到大气中必须置于容器中的气体废物由于大多具有较大的危害性,在我国也归入固体废物的管理行列。固体废物也有半固态的,如污水处理厂产生的剩余污泥就是半固态的,因为它的含水率达80%。

(4)按污染特性分类

固体废物可分为一般废物、放射性废物和危险废物。一般废物对人类和环境的危害较小或者潜在危害小,只是因为目前还没表现出来,例如生活垃圾短时间内的堆放可能不会造成危害,但长时间堆放也会污染大气、土壤、地下水等环境,具有一定的潜在危险。

危险废物具有毒性、腐蚀性、反应性、易燃性、易爆性等独特性质,是会给环境和人体带来危害、需加以特殊管理的物质。例如医疗废物具有很强的感染性，对周围环境会造成很大威胁，需要特殊处理。

放射性废物是指放射性核素含量超过国家规定限值的固体、液体和气体废物的统称。放射性固体废物包括核燃料生产、加工、同位素应用、核电站、核研究机构、医疗单位、放射性废物处理设施产生的废物如尾矿、污染的废旧设备、仪器、防护用品、废树脂、水处理污泥以及蒸发残渣等。由于放射性废物在管理方法和处置技术等方面与其他废物有着明显的差异，许多国家都不将其包含在危险废物范围内。

第二节　危险废物及其特性

一、危险废物的概念

《中华人民共和国固体废物污染环境防治法》（以下简称《防治法》）规定：列入《国家危险废物名录》或者根据国家规定的危险废物鉴别标准和鉴别方法认定的具有危险特性的废物统称为危险废物。

通过这个概念可以看出，判断固体废物是否是危险废物，首先应根据《国家危险废物名录》和危险废物特性鉴别标准进行鉴别。2018 年《国家危险废物名录》中收录了46 大类危险废物，这些废物在操作、储存、运输、处理过程中会对人体健康或环境带来重大威胁。其次是判断是否在危险废物豁免清单之列。即使某类物品、物质被认定为属于危险废物，如果该危险废物列入了《国家危险废物名录》附录中的《危险废物豁免管理清单》，那么，危险废物在所列的豁免环节（包括收集、利用、处置、运输、转移）中且满足相应的豁免条件时，可以按照豁免内容的规定实行豁免管理。

二、危险废物的特性

《防治法》规定，危险废物特性主要包括易燃性、腐蚀性、反应性和毒性等。

1. 易燃性

规定易燃性的目的在于识别那些常规储存、处置和运输条件上存在着火危害，或者是一旦着火能够严重加剧火情的废弃物。

（1）液态易燃性危险废物

指的是闪点低于 60℃（闭杯实验）的液体、液体混合物或含有固体物质的液体。闪点是指标准大气压下（101.3kPa），液体表面上方释放出的易燃蒸汽与空气完全混合后可以被火焰或火花点燃的最低温度。

废有机溶剂属于液态易燃性危险废物，闪点一般都非常低，甚至低于 0℃。如废弃的苯、汽油、乙醚等有机溶剂等都属于液态易燃性危险废物。

（2）固态易燃性危险废物

指的是在 25℃和标准大气压下，因摩擦或自发性燃烧而起火，经点燃后能剧烈而持续燃烧并产生危害的固体废物。如炼油过程中产生的废油渣就属于固态易燃性危险废物。

（3）气态易燃性危险废物

指的是在20℃和标准大气压下，在与空气的混合物中体积分数≤13%时可点燃的气体，或者在该状态下，不论易燃下限如何，与空气混合时易燃范围的易燃上限与易燃下限之差≥12%的气体。

其中，易燃下限是指可燃气体或蒸气与空气（或氧气）组成的混合物在点火后可以使火焰蔓延的最低浓度，以%表示。易燃上限是指可燃气体或蒸气与空气（或氧气）组成的混合物在点火后可以使火焰蔓延的最高浓度，以%表示。易燃范围是指可燃气体或蒸气与空气（或氧气）组成的混合物能被引燃并传播火焰的浓度范围，通常以可燃气体或蒸气在混合物中所占的体积分数表示。

2. 腐蚀性

危险废物的腐蚀性有两种判断方法：一种方法是把固废按标准方法制备成液体，如果该液体 pH 不小于12.5或者不大于2.0，这个废物就是腐蚀性危险废物；另一种判断方法是在55℃下，对20号钢材的腐蚀速率每年不小于6.35mm 的废物称为腐蚀性危险废物。

图6-1是2017年8月广西来宾市查获的来自广东跨省转移的数千吨强腐蚀性危险废物，其 pH 低于2.0，为强腐蚀性的废酸渣。

图6-1　废酸渣

3. 反应性

符合下列条件之一的属于反应性的危险废物。

（1）具有爆炸性质

常温常压下不稳定，在无引爆条件下易发生剧烈变化；在25℃和标准大气压下易发生爆轰或爆炸性分解反应；受强起爆剂作用或在封闭条件下加热时能发生爆轰或爆炸性反应。

（2）与水或酸接触会产生易燃气体或有害气体

这类危险废物与水混合能发生剧烈化学反应，并放出大量易燃气体和热量；与水混合能产生足以危害人体健康或环境的有毒气体、蒸气或烟雾如在酸性条件下，每千克含氰化物废物分解后会产生不小于 250mg 氰化氢气体，每千克含硫化物废物分解后会产生不小于 500mg 硫化氢气体。

（3）废弃的氧化剂或有机过氧化物

包括极易引起燃烧或爆炸的废弃氧化剂；对热、震动或摩擦极为敏感的含过氧基的有机过氧化物。

4. 毒性

危险废物的毒性分为浸出毒性、急性毒性等。

（1）浸出毒性

当固体废物浸出液中有一种或一种以上有害成分的浓度超过国家规定鉴别标准时，该废物就称为浸出毒性危险废物。这里的有害成分包括无机元素及化合物、有机农药、非挥发性有机物和挥发性有机物 4 大类共 50 种物质。

以垃圾焚烧过程产生的飞灰为例，表 6 - 2 是飞灰浸出液中的重金属浓度值，从中可以看出 3 个飞灰样品的重金属的浓度都超过了国家标准，因此这 3 个飞灰样品都属于浸出毒性危险废物。

表 6 - 2　　　　　　　　　　　　飞灰样品重金属浸出浓度　　　　　　　　　单位：mg/kg

重金属	汞	镉	铅	铬
样品 1	<0.005	<0.05	2.9	5.46
样品 2	<0.005	<0.05	22.6	2.4
样品 3	1.92	0.01	0.89	<0.01
国家标准	0.1	1	5	5

（2）急性毒性

急性毒性废物的判断标准有以下几种：使青年白鼠经口部摄入废物（固体废物 LD50≤200mg/kg 或液体废物 LD50≤500mg/kg）后，14d 内死亡一半的废物；使白兔皮肤接触废物（≤1000mg/kg）24h 后，14d 内死亡一半的废物；使雌雄青年白鼠经蒸气、烟雾、粉尘吸入（≤10mg/L）废物 1h 后，14d 内死亡一半的废物均称为急性毒性废物。

危险废物对人体健康危害很大，就短期而言，它们能通过摄入、吸入、皮肤吸收、眼睛接触等过程引起毒害，或发生爆炸、燃烧等危害事件。人或动物如果长期接触危险废物会产生中毒、致癌、致畸、致突变等危害。

第三节　固体废物污染的危害

固体废物对环境的危害很大，其污染往往是多方面的和多要素的，其主要污染途径如图 6 - 2 所示。

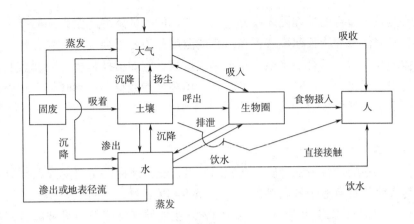

图6-2　固体废物的主要污染途径

固体废物对环境和人体的危害主要有以下几个方面。

1. 污染水体

固体废物未经无害化处理随意堆放或丢弃，将随天然降水或地表径流进入河流、湖泊，长期堆积会使水面缩小，其有害成分的危害将更大。固体废物的有害成分（如重金属汞、镉、铅）如果处理不当，能随水进入土壤从而污染地下水，也可能随雨水渗入水井、河流以至附近海域，被生物摄入，再通过食物链进入人体，影响人体健康。

目前，我国每年有1000多万吨固体废物直接排入江河，这些排入江河的固体废物不仅会污染水质，还会直接影响水生生物的生存和水资源的利用。垃圾填埋场和堆积在河边的固体废物会通过雨水浸淋、自身的分解，产生大量渗滤液，从而污染江河湖泊以及地下水。在我国个别城市的垃圾填埋场周围，地下水的浓度、色度、总细菌数、重金属含量等污染指标严重超标。

占地球表面积70%的海洋也受到了固体废物的污染。不少国家把固体废物直接倾倒于海洋，甚至将海洋投弃作为一种处置方法，这是有违国际公约的。据美国科学组织统计，每年约有640万t的垃圾进入海洋；平均每天约800万件的垃圾入海，海洋垃圾中的有害物质如重金属可通过食物链进入人体，最终危害人类健康。

令人意想不到的是，在搜救马航MH370失踪客机的过程中，最大的干扰之一就是海洋垃圾：越南在中国南海最早发现的一些物品、中国卫星观测到的白色物体、泰国卫星在印度洋发现的多个漂浮物以及澳大利亚发现的"疑似"飞机残骸，后来都被证实是各种各样的海洋垃圾。

2. 污染大气

固体废物中的有害物质经长期堆放会发生自燃，同时由堆放产生的厌氧环境会放出大量有害气体，垃圾堆甚至可能发生爆炸。如长期堆放的煤矸石中若含硫达1.5%即会自燃，达3%以上即会着火并散发大量的二氧化硫。另外，由于部分垃圾内发生微生物分解，恶臭性气体如氨气、硫醇、硫化氢也会大量排放，对周围卫生环境产生很大影响。

焚烧法是较为流行的处理固体废弃物的方式，但是焚烧将产生大量的有害气体和粉尘，一些有机固体废弃物长期堆放，在适宜的温度和湿度下会被微生物分解，同时释放出有害气体。在农村，还有很多地方随意燃烧垃圾，例如秸秆焚烧。数据表明，焚烧秸秆时，大气中二氧化硫、二氧化氮、PM2.5 三项污染指数瞬间达到峰值。对周围人的眼睛、鼻子和咽喉等部位刺激很大，轻则造成流泪、咳嗽、胸闷，严重时可能导致支气管炎。

3. 污染土壤

塑料是土壤中的重要污染物质。在我国农村，农田使用的塑料薄膜大部分遗留在土壤里。研究表明，每亩地中残留塑料垃圾达 3.9g 以上时，玉米就会减产 11% ~ 13%，小麦减产 9% ~ 16%，蔬菜甚至会减产达 54%。主要原因是塑料很难被降解，长期存在于土壤中会影响农作物吸收养分和水分，从而导致农作物减产。

如果固体废物在土壤上露天堆存，经日晒、雨淋，有害成分就会向地下渗透，从而污染土壤，这些有害成分会改变土壤成分、结构、性质和功能，影响土壤中的微生物活动，使土壤失去肥力和自净能力，妨碍农作物的生长，使农作物减产甚至大面积死亡，同时，有毒物质会进入农作物，进而危害人体健康。

4. 占地

每堆积 10000t 废物约占 667 m² 的土地，受污染的土地面积往往大于堆渣占地面积的 1 ~ 2 倍。

日本环境省发布的《2011 年环境白皮书》预测，到 2025 年全球将产生 148 亿 t 的废弃物，2050 年将达到 223 亿 t，其中 2025 年亚洲地区废弃物排放量约为 50 亿 t，2050年将达到 80 亿 t 左右，这些废弃物将会侵占大面积的土地。

全世界以填埋为主的垃圾正随着人口的增加而不断积累，在地球表面已经形成了一层继大气圈、水圈之后的"垃圾圈"。

垃圾不仅在陆地上大量堆放，在海洋中也大量存在。著名的太平洋垃圾板块也被称为"全球最大的垃圾场"，从加利福尼亚经夏威夷延伸至日本约 900km 的水域，形成了两个巨大的垃圾集中地，就是所谓的"垃圾大陆"。据估计该地区约有 1 亿 t 的垃圾，海面上的垃圾累计深度已经超过 30 多米，面积 343 万 km²，超过欧洲面积的 1/3，素有世界"第八大洲"之称，这些垃圾对人类的危害也越来越大。

5. 直接危害人体健康

在固体废物特别是有害固体废物堆存、处理、处置和利用过程中，如果处理不当，一些有害成分会通过水、大气、食物等多种途径为人类所吸收，从而危害人体健康。例如，工矿业废物中的化学成分会污染饮用水，对人体造成化学污染；医疗垃圾携带的有害病原菌可传染疾病，对人体形成生物污染等；垃圾焚烧处理不当会产生二噁英类剧毒物质，直接对人体健康构成威胁。

我国每年受固体废物污染造成的经济损失超过 90 亿元，大量可利用的固体废物的资源价值不低于 250 亿元。我国固废的产生量和累计量呈历年增长趋势，造成了严重的环境污染危害和经济损失，因此固体废物需要严格的管理。

第四节　固体废物管理的原则

《中华人民共和国固体废物污染环境防治法》确定了对固体废物进行全过程管理的原则，即固体物污染防治减量化、资源化、无害化的"三化"原则，并作为我国固体废物管理的基本技术政策。所谓的全过程管理是指对固体废物的产生、收集、利用、储存、处理和处置的全过程及各个环节都实行控制管理。固体废物管理原则具体如下。

1. 减量化原则

减量化原则是要求用比较少的原料和能源投入来达到既定的生产目的或消费目的，也就是从各种活动的源头就注意节约资源和减少废物产生，从而减少污染；另外，对已经产生的废物要尽可能地回收利用以减少最终处置量。

如在日常生活中可随身携带购物袋重复使用，这样可以不再使用一次性塑料袋，减少废物的产生，同时减少对环境的污染，因为很多塑料袋是难以降解的，对环境危害很大。

减量化不只是减少固体废物的数量和体积，还要尽可能减少其种类、降低危险废物中有害成分的浓度、减轻或清除其危险性等。因此，减量化是对固体废物的数量、体积、种类、有害性的全面管理。

例如一次性筷子，1 m³木材能制作 45000 双一次性木筷，中国市场每年消化一次性筷子 450 亿双，耗费木材 166 万 m³。除了消耗木材之外，一次性筷子还不环保，因为一次性筷子的漂白过程需要消耗大量水资源并排放大量废水。我国如果能减少一次性筷子的生产和使用，不但可以减少森林的砍伐，还我们的绿水青山，还可以减少对环境的污染。目前，我国高校食堂、企业职工食堂等已经大量减少了一次性筷子的供应，筷子多为消毒后可重复利用的筷子。

2. 资源化原则

资源化原则是指采用管理和技术措施从固体废物中回收有用的物质和能源，资源化可加速物质和能量的循环，创造经济价值和节约能源，并减少固体废物的产生量。

例如，我国每年电池的产量和消费量达 140 亿只以上，占世界总产量的 1/3，每年报废的上百亿只废电池大部分随意丢弃，对生态环境和公众健康构成了潜在威胁。虽然自 2006 年 1 月 1 日起国内生产和销售的碱性锌锰电池已达低汞化、无害化，可作普通生活垃圾处理，但电池在制造的过程中耗用了大量的金属，如 Zn、Mn、Cu、Pd、Cd、Hg、Ni 等，在抛弃的电池中大多数成分仍以各种形式保留在废旧电池里，废 Pd、Cd、Hg、Ni 等会污染大片土壤和水源，直接危害着人体健康，这不仅耗费了大量的资源和资金，也对生态环境构成了难以弥补的损害。如果能够对电池进行回收处理，不但能够回收大量重金属资源，还能减少废电池对生态环境和人体健康的危害。

3. 无害化原则

无害化是指通过各种技术和方法对环境无害或低危害的安全处理、处置，使固体废物既不损害人体健康，同时对周围环境也不产生污染的过程。

常见的垃圾无害化处理方式有卫生填埋、焚烧和高温堆肥。其中，我国垃圾焚烧处理量占比从 2006 年的 14.45% 上升到 2015 年的 34.28%，2015 年焚烧处理量为 6176 万 t，处理能力为 21.9 万 t/d；卫生填埋占比从 2006 年的 81.4% 下降到 2015 年的 63.75%，2015 年处理量为 11483 万 t，处理能力为 34.4 万 t/d，近年来高温堆肥的处理量极少，2015 年仅为 354 万 t。

根据《"十三五"全国城镇生活垃圾无害化处理设施建设规划》，"十三五"期间全国城镇生活垃圾无害化处理设施建设总投资约 2518.4 亿元，其中无害化处理设施建设投资 1699.3 亿元；到 2020 年直辖市、计划单列市和省会城市的生活垃圾无害化处理率达到 100%，其他城市达到 95% 以上。

日常生活中也有很多方面能够实现减量化、资源化和无害化原则，如通过专门设置衣物回收箱回收旧衣物，这样不但可以实现爱心捐助，同时实现了垃圾的减量化和资源利用。同时，日常生活中自觉进行垃圾分类，不但可以实现垃圾的资源化利用，还可以减少清洁工的工作量。

目前我国固体废物立法仍主要关注固体废物产生后的污染防治，停留在末端治理的思路和事后补救阶段，工业固体废物产生量仍处于高位运行阶段，固体废物管理的严峻形势并未从根本上得到解决。党的十八大以来，国家高度重视生态文明建设和环境保护工作，将生态文明建设纳入"五位一体"中国特色社会主义总体布局，这样，源头减量、资源化就成为最为经济高效、环境友好的固体废物处理方式，要实现这个目标，垃圾分类回收就成为主要的解决方法。

第五节　垃　圾　分　类

垃圾分类是指按一定规定或标准将垃圾分类储存、分类投放和分类搬运，从而转变成公共资源的一系列活动的总称。分类的目的是提高垃圾的资源价值和经济价值，力争物尽其用。

从国内外各城市对生活垃圾分类的方法来看，大致都是根据垃圾的成分构成、产生量，结合本地垃圾的资源利用和处理方式来进行分类的。进行垃圾分类收集可以减少垃圾处理量和处理设备，降低处理成本，减少土地资源的消耗，具有社会、经济、生态三方面的效益。

一、我国垃圾分类方式

在我国的大部分城市，居民只需将垃圾扔进小区附近的垃圾桶内，再由环卫工人将其清运到垃圾中转站。城市道路两旁每隔一段距离放置一个区分可回收垃圾与不可回收垃圾的垃圾桶，但人们在投放垃圾时并没有依据是否可以回收进行投递。所以，从整体上来看，我国大多数城市垃圾分类并不理想，导致大量可回收垃圾没有得到有效的二次利用以及有害垃圾未经处理而排放使环境污染。

因此，2017 年国务院办公厅发布了《生活垃圾分类制度实施方案》的通知，要求

46 个试点城市先行实施生活垃圾强制分类，2020 年底生活垃圾回收利用率达 35% 以上。

46 个试点城市包括两类：一是直辖市、省会城市和计划单列市的城市。二是住房城乡建设部等部门确定的第一批生活垃圾分类示范城市。

在 46 个重点城市先行先试的基础上，住房和城乡建设部等 9 个部门 2019 年印发了《关于在全国地级及以上城市全面开展生活垃圾分类工作的通知》（以下简称《通知》），决定自 2019 年起在全国地级及以上城市全面启动生活垃圾分类工作。

《通知》要求，到 2020 年，46 个重点城市基本建成生活垃圾分类处理系统；其他地级城市实现公共机构生活垃圾分类全覆盖，至少有 1 个街道基本建成生活垃圾分类示范片区。到 2022 年，各地级城市至少有 1 个区实现生活垃圾分类全覆盖；其他各区至少有 1 个街道基本建成生活垃圾分类示范片区。到 2025 年，全国地级及以上城市基本建成生活垃圾分类处理系统。

试点城市垃圾应该如何分类呢？

垃圾由 4 个部分构成：有害垃圾、易腐垃圾（或称为厨余垃圾）、可回收垃圾、其他垃圾。

1. 有害垃圾

在日常生活中主要包括：废电池、废灯管、废药品及其包装，废油漆及其包装等。生活中一些常见的有害垃圾如废油漆桶、废灯管、废电池等。由于含有有毒有害成分，这些有害垃圾必须经过特殊的安全处理措施。

2. 易腐垃圾

主要包括食堂、宾馆、饭店等产生的餐厨垃圾，农贸市场等产生的蔬菜瓜果垃圾、腐肉、蛋壳等。日常生活中的厨余垃圾由于容易发酵分解，可做堆肥处理，经生物技术就地处理堆肥，每吨厨余垃圾可生产 0.3t 有机肥料。

3. 可回收垃圾

主要包括：废纸、废塑料、废金属、废包装物、废旧纺织物、废玻璃等。这些垃圾都是重要的地球资源，因此适合采用回收利用的方式。

废纸主要包括报纸、期刊、图书、各种包装纸、办公用纸、广告纸、纸盒等，但纸巾和厕所纸由于水溶性太强不可回收。

塑料主要包括各种塑料袋、塑料包装物、一次性塑料餐盒和餐具、牙刷、杯子、矿泉水瓶等。

玻璃主要包括各种玻璃瓶、碎玻璃片、镜子、灯泡、暖瓶等。

金属物主要包括易拉罐、罐头盒、牙膏皮等。

布料主要包括废弃衣服、桌布、洗脸巾、书包、鞋等。

通过综合处理回收利用，可以减少污染，节省资源。例如每回收 1t 废纸可造好纸 850kg，节省木材 300kg，减少污染 74%；每回收 1t 废钢铁可炼好钢 0.9t，比用矿石冶炼节约成本 47%，减少空气污染 75%，减少 97% 的废水污染和固体废物。

4. 其他垃圾

包括除上述几类垃圾之外的砖瓦陶瓷、渣土、卫生间废纸等难以回收的废弃物，通常根据垃圾特性采取焚烧或者填埋的方式进行处理，以减少对地下水、地表水、土壤及空气的污染。

中国社会科学院发展与环境研究所、社会科学文献出版社联合发布的城市蓝皮书对每年城镇化率进行测算，预测 2020 年中国的城镇化率将达到 60%，届时将会有更多的人口居住在城镇。随着城镇人口的不断增加，人民生活水平以及消费水平的不断提升，城市生活垃圾也将不断增加。如今，全国 2/3 以上的城市深陷"垃圾围城"困境，很多城市的垃圾已无处填埋。因此垃圾分类成为我国城市垃圾减量化、资源化、无害化的首选。

二、国外垃圾分类现状

1. 日本垃圾分类

日本是全球垃圾分类的典范，垃圾分类有以下几大特点。

（1）分类精细，回收及时

垃圾分类大类有可燃物、不可燃物、资源类、粗大类、有害类，这几类再细分为若干子项目，每个子项目又可分为孙项目，以此类推。

例如，日本横滨市把垃圾类别由原来的 5 大类细分为 10 大类，并给每个市民发了长达 27 页的手册，条款有 518 项之多。如袜子，若为 1 只属可燃物，若为 2 只并且"没被穿破、左右脚搭配"则属旧衣料。

在回收方面，有的社区摆放着一排分类垃圾箱，有的没有垃圾箱而是规定在每周特定时间把特定垃圾袋放在特定地点，由专人及时拉走。如在日本东京都港区，每周三、六上午收可燃垃圾，周一上午收不可燃垃圾，周二上午收资源垃圾。很多社区规定早 8 点之前扔垃圾，有的则放宽到中午，但都是当天就拉走，不致污染环境或引来害虫和乌鸦。

（2）管理到位，措施得当

外国人到日本后，要到居住地政府进行登记，这时往往就会领到当地有关扔垃圾的规定。当你入住出租房时，房东也许在交付钥匙的同时就一并交代扔垃圾的规定。有的行政区年底会给居民送上来年的日历，上面一些日期上标有黄、绿、蓝等颜色，下方说明每一颜色代表哪天可以扔何种垃圾。在一些公共场所也往往会看到一排垃圾箱，分别写着纸杯、可燃物、塑料类的分类，很多垃圾箱上还写有日文、英文、中文和韩文，方便投入。

（3）人人自觉，认真细致

日本的儿童从小就从家长和学校那里受到正确处理垃圾的教育，如果不按规定扔垃圾，就可能受到政府人员的说服和周围舆论的压力。日本居民扔垃圾可谓一丝不苟，非常严格：废旧报纸和书本要捆得非常整齐，有水分的垃圾要控干水分，锋利的物品要用纸包好，用过的喷雾罐要扎一个孔以防出现爆炸。

（4）废物利用，节能环保

分类垃圾被专人回收后，报纸被送到造纸厂，用以生产再生纸，很多日本人以名片上印有"使用再生纸"为荣；饮料容器被分别送到相关工厂，成为再生资源；废弃电器被送到专门公司分解处理；可燃垃圾燃烧后可作为肥料；不可燃垃圾经过压缩无毒化处理后可作为填海造田的原料。日本商品的包装盒上就已注明了其属于哪类垃圾，牛奶盒上甚至还有这样的提示："要洗净、拆开、晾干、折叠以后再扔。"

日本的上述事例给我国很多启示。仅就垃圾分类而言，我国大部分地区的硬件还远不能与日本相比，但更大的差距恐怕还是在软件上，即在于政府和民众对垃圾分类的认识上，在于政府关于垃圾分类的制度建设上，也在于每个市民对垃圾分类的认真细致精神和环保节能意识上。

2. 美国垃圾分类

在被称为垃圾生产大国的美国，垃圾分类已逐渐深入公民的生活，走在大街上，各式各样、色彩缤纷的分类垃圾桶随处可见。

居民都开通了收垃圾服务，服务开通以后垃圾回收公司就会送来几个不同颜色的垃圾桶，通常有垃圾桶、回收桶、花园垃圾桶等，各个地方略有不同。除此之外垃圾回收公司还会送来相应的垃圾分类回收的手册。如果住公寓，正常情况下都设有公用大垃圾桶和回收箱。

垃圾回收公司会在固定时间来回收垃圾（一般是每周一次，花园垃圾可能会两周一次），居民需要将垃圾在前一天晚上或是当天回收时间点之前将自家的垃圾桶放置到指定位置。如果有超大垃圾不能放进垃圾桶或是分不清回收类别，可以打电话到回收公司询问解决办法。

美国居民对政府的垃圾分类工作也表示了极大的支持。这不仅表现在他们每个人对垃圾分类的知识耳熟能详，而且为垃圾分类处理出钱就像为能饮用到洁净的自来水付费一样天经地义。

3. 德国垃圾分类

德国垃圾的分类回收非常仔细，以利于垃圾的循环使用和处理。在德国，所有的垃圾可以分为废纸、轻型包装、玻璃、衣服和鞋、生物垃圾和残余垃圾。投入废纸桶（蓝色桶）的垃圾主要有报纸、杂志、纸板、厕纸内轴卷等；投入生物垃圾桶（棕色桶）的有剩饭菜、果皮、鸡蛋壳、落叶等；残余垃圾桶（黑色桶）用来放置未明确分类的其他垃圾，如丝袜、灯泡、清扫垃圾、圆珠笔、创可贴、坏的玩具、尿不湿、烟蒂等；投入轻型包装桶（黄色桶）的有塑料、铝、饮料罐、白铁皮、饮料盒、酸奶杯等。经过十几年的发展，德国人对垃圾分类已经习以为常。

不管贫穷国家还是富裕国家，垃圾分类都在成为世界性的潮流，分类后的垃圾既避免了垃圾公害，又为工农业提供了原料。

三、我国垃圾分类存在的问题

与其他发达国家相比，我国垃圾分类在以下几个方面还存在着严重的问题。

1. 居民垃圾分类意识淡薄

我国目前的垃圾回收方法主要是垃圾集中回收，由居民将生活垃圾收集后丢弃至公共垃圾桶。政府部门并没有强制的垃圾分类要求，致使居民对于垃圾分类的意识不够强。即使社区有各类宣传方式，但居民对垃圾分类了解得还不够深入。以上海市为例，上海市政府每年用于建设垃圾分类设施、支付垃圾收运服务、开展宣传培训等实施垃圾分类政策的费用已高达 3 亿~4 亿元，尽管不少市民表现出垃圾分类的意愿，但实际上由于大部分居民不了解垃圾分类的意义及对垃圾分类带来的环境福利直观感受不深刻，实际参与度并不高。

2. 垃圾分类基础配套设施不完善

目前，我国垃圾终端处理方式普遍是填埋和焚烧。这两种方法都是将任何成分的垃圾混合处理，没有做到分类处理，例如填埋实质上并没有真正实现垃圾的减量化和资源化。虽然焚烧技术能够实现垃圾的减量化，但由于垃圾是混合收集，导致了很多资源浪费，且垃圾焚烧过程中部分垃圾不能燃烧，反而消耗了更多的能源，焚烧效果也不理想。

除了垃圾的处理，垃圾的收集设施也不完善，很多居民区门前仍然只有一个垃圾桶，居民即使将垃圾分类，也不得不将分类好的垃圾放入同一个垃圾桶，垃圾收集工人只能将混合在一起的垃圾倒入垃圾车；另外垃圾收集车不具有分类和压缩功能，垃圾收集时抛、洒现象时有发生，导致环境卫生恶劣。

另外，很多垃圾中转站是真正的"垃圾中转站"，其实就是从各处收集完的垃圾倒在中转站，没有任何分类回收措施，直接用转运车运走。城市公共财政对垃圾分类未能给予高度支持，仅停留于"清运"层次，未做到真正的无害化处理。

3. 法律政策体系需健全

我国生活垃圾分类处理法律体系尚不完善，现行的法律法规如《固体废物污染环境防治法》《城市生活垃圾管理办法》等都提到了对城市生活垃圾应该逐步做到分类收集、运输和处理，这是原则性规定。但当前很多城市通常把垃圾分类投放视为一种公益行为，以鼓励为主，对垃圾分类没有设置基本的底线，法律缺位，缺乏相应的惩罚措施和约束机制。

勤俭节约，废物利用，是中华民族的传统美德。每个人都是垃圾的制造者，又是垃圾的受害者，但我们更应是垃圾公害的治理者，每个人都可以通过垃圾分类的方式来战胜垃圾公害。尽管现实中存在着诸多问题，但随着全民环保意识的增强，并且通过开展形式多样的宣传教育、积极利用媒体发布相关报道、科普固体废物相关知识、动员公众积极践行垃圾分类、宣传废物利用等绿色生活方式、推进环境信息公开、保障公众知情权、加强社会监督、拓宽公众参与渠道、凝聚各相关方利益，形成固体废物污染治理和生态环境保护的合力，我国完善的垃圾分类一定能够实现。

第六节　垃圾的清运

2015 年我国城镇垃圾生产总量为 3.38 亿 t，垃圾生产量在世界上仅次于美国，高居世界第二位。以垃圾清运量来看，2015 年垃圾清运量为 1.91 亿 t。

垃圾在分类储存阶段属于公众的私有品，垃圾经公众分类投放后成为公众所在小区或社区的区域性准公共资源，垃圾分类被运到垃圾集中点或转运站后成为没有排除性的公共资源。

在我国，垃圾分类完成后要进行清除运输（清运），需要经历收集、运输和转运 3 个环节。

一、垃圾的收集和运输

1. 垃圾储存容器

（1）垃圾箱（桶）

按容积划分，垃圾箱（桶）可分为大（容积大于 1.1m³）、中（容积为 0.1 ~ 1.1m³）、小（容积小于 0.1m³）3 种类型。按材质区分，分为金属、塑料和复合材料类型。按颜色区分，如果采用生活垃圾分类收集，分类袋装垃圾收集要用不同颜色的标准塑料箱，分装有害垃圾、可回收垃圾、易腐垃圾和其他垃圾。

不同城市的垃圾箱颜色也略有不同，表 6-3 是我国广州市的颜色分类垃圾收集箱区分情况。

表 6-3 广州市颜色分类垃圾收集箱区分

垃圾种类	颜色	垃圾组成
可回收垃圾	宝石蓝色	纸类、金属、玻璃、除塑料袋外的塑料制品、橡胶及橡胶制品、牛奶盒等包装、饮料瓶等
厨房垃圾	绿色	食物类垃圾以及果皮等
有害垃圾	红色	废灯管、过期药品、有机溶剂等
其他垃圾	橘黄色	回收垃圾、有害垃圾、厨房垃圾之外的所有垃圾

（2）垃圾集装箱

垃圾集装箱可分为标准集装箱和专用垃圾集装箱 2 大类。

标准集装箱是指符合国际标准尺寸的集装箱，一般为 20fz（1fz = 0.3048m）。

专用集装箱是指专为环卫垃圾收集运输作业设计的集装箱。其结构、尺寸、容量根据其使用条件和运输方式不同有各种规格和型号，如表 6-4 所示。

表 6-4 专业集装箱的规格和型号

类型	容积/m³	最大外形尺寸/m	备注
开口式集装箱	9.0 ~ 38.0	6.0 × 2.5 × 1.8	与车厢可卸式运输车配合
压缩式集装箱	15.0 ~ 30.0	6.0 × 2.5 × 1.8	集装箱自备压缩装置，用车厢可卸式运输车运输
拖车式集装箱	15.0 ~ 30.0	6.0 × 2.3 × 2.3	与牵引车配合
地坑式集装箱	7.7	3.3 × 2.2 × 1.4	与 5t 级载货车配合
专用集装箱	7.5	3.4 × 2.3 × 1.66	与 5t 级车厢可卸式运输车配合
	4.0	3.0 × 1.95 × 1.3	与 2t 级车厢可卸式运输车配合

（3）垃圾通道

为方便居民搬送城市垃圾，中高层建筑常设垃圾通道，如图 6-3 所示，垃圾通道由投入口（倒口）、通道（圆形或矩形截面）、垃圾间或大型接受容器组成。

图 6-3 垃圾通道

垃圾通道的设置方便了居民搬倒垃圾，但也带来了一系列隐患：

①通道易发生堵塞现象，当截面积设计较小、住户不慎倒入粗大废物时容易发生堵塞情况，会影响正常使用。

②由于清除不及时、天气炎热、食物垃圾易腐败、倒口的腐蚀及密封不好、顶部通风不良等因素，常造成臭气外溢，影响环境卫生。

③部分居民图方便，自觉性差，不利于城市垃圾的就地分类贮存收集。

鉴于以上原因，专家及环卫行业专业人士建议今后在新建中高层建筑时不再设垃圾通道，并做好居民的工作，使其配合城市垃圾的就地分类搬运贮存方式。

2. 垃圾收集车

目前的垃圾收集车有很多车型，如自卸式、桶装式、压缩式垃圾车等。为了清运狭小小巷内的垃圾，还需要配备人力手推车、三轮车和小型机动车等。

第一种收集车是三轮车，将果皮箱、垃圾桶里的垃圾收集送到中转站。这种方式的特点是：设备价格低，但是存在洒、落、抛、滴现象，容易对环境造成二次污染，而且环卫工人劳动强度很大，因此将来会逐步被取代。

第二种收集车是小型自卸式垃圾车，以流动收集的方式将垃圾收集运送到中转站，如图 6-4（a）所示。与人力车相比，它的密封性好，干净卫生；垃圾车收集效率高；同时还具有自卸功能，工人劳动强度低。现在不少城市都采用这种收集方式。

第三种收集车是桶装式垃圾车，如图 6-4（b）所示。这种运输车通过车辆尾部的升降平台将装满垃圾的垃圾桶装车，然后运送至中转站。它的特点是干净卫生，工人劳动强度不高。但每次收集时需要空桶置换，也就是需要放下空桶，把装满垃圾的桶放在车上带走。由于每辆车放桶的数量是有限的，因此垃圾收集效率并不高。

第四种收集车是压缩式垃圾车，如图 6-4（c）所示。压缩式垃圾车利用上料装置将垃圾桶的垃圾自动倒入垃圾车的箱体，垃圾进入箱体后利用压填机构将垃圾压缩，以提高单次运送量。装满后的垃圾车将垃圾运送到大型中转站，甚至可以直接送入垃圾处理场。与上面的三种方式相比，这种方式收集垃圾灵活方便；具有自行装、卸功能；工人劳动强度小；同时，垃圾能压缩减容，提高收集效率和经济性。

（a）自卸式垃圾车　　　　　　　　（b）桶装式垃圾车

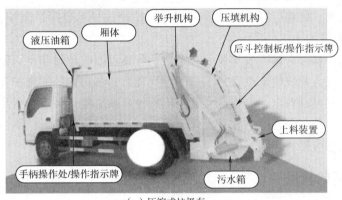

（c）压缩式垃圾车

图6-4　垃圾收集车

3. 地下收集方式

与常见收集系统的垃圾箱设置在地上不同，地下收集系统的垃圾箱设置在地下，而且不单单采用地下垃圾箱收集废物，还采用其他辅助设施对废物进行收集，如使用气提的方法来帮助收集废物，以达到顺利收集的目的。

常规地上收集系统存在以下问题：①对空间有要求，占据地面上的空间；②会产生散发物，如气味等；③操作成本高。

相对于常规的地上收集，地下收集系统具有以下优点：①垃圾箱在地下，对于地面没有空间要求；②没有散发物；③自动化程度高，一个人操作即可。

地下垃圾箱平时整个箱体埋于地下，人们通过废物投放口投放垃圾，清空时将其提起抬升到地面，箱体底部有滚轮，提升后将废物倒入车中，然后垃圾箱再复位。地下垃圾箱虽然存储体积大、地面空间需求小，但是需要大卡车清运垃圾，垃圾箱在地下进行安装对技术有较高的要求。另外，地下垃圾箱一般情况下重达5吨，需要足够结实的基础，挖掘地基时回填土要压实，还要注意横穿管道问题和清空时的安全等问题。

4. 气力管道收集系统

生活垃圾气力管道收集系统指通过预先铺设好的管道系统，利用负压技术将生活垃圾抽送至中央垃圾收集站，再由压缩车运送至垃圾处置场的过程。生活垃圾气力管道收集系统分为混合收集和分类收集 2 种。

气力管道收集系统是国外发达国家近年来发展的一种高效、卫生的垃圾收集方法。气力管道收集系统主要适用于高层公寓楼房、现代化住宅密集区、商业密集区及一些对环境要求较高的地区。

气力管道收集系统的优点有：

①垃圾流密封、隐蔽和人流完全隔离，有效地杜绝了收集过程中的二次污染，包括臭味、蚊蝇、噪声和视觉污染。

②显著降低垃圾收集劳动强度，提高收集效率，优化环卫工人劳动环境。

③取消手推车、垃圾桶、箩筐等传统垃圾收集工具，基本避免了垃圾运输车辆穿行于居住区，减轻了交通压力和环境污染。

④垃圾收集、压缩可以全天候自动运行，垃圾成分不受雨季影响，有利于填埋场、焚烧厂的稳定运行。

⑤可利用一套公共管道收集系统分别自动收集可回收垃圾和不可回收垃圾。

气力管道收集系统的缺点有：①一次性投资大；②对系统的维护和管理要求较高。

从以上比较可以看出，由于气力管道输送垃圾系统建设和运行费用昂贵，目前在国内的应用范围十分有限，但它在开发区、奥运村、高层住宅小区、别墅群、飞机场、大型游乐场等地区应用优势明显。

二、垃圾的转运

城市垃圾转运是垃圾管理系统中的过渡环节，在某些条件下可同处理加工中心合二为一。顾名思义，转运是利用中转站将从分散收集点收集的垃圾收集到一个特定集中点，通过专门装置后再由大型运输车转运至垃圾加工中心或最终处置点的过程。因此，转运环节应设置一套专门装、卸车装备与大型运输车辆。

转运站按操作容量可分为大、中、小 3 种规模。日装运量在 150t 的为小型转运站，日装运量在 150～450t 的为中型转运站，日装运量大于 450t 的为大型转运站。

垃圾的转运方式有以下几种：

第一种转运方式是使用垃圾斗收集站和摆臂式垃圾车转运，如图 6-5 （a） 所示。垃圾斗通常放置在地坑中用来收集小型收集车收集来的垃圾，收满后由摆臂式垃圾车将垃圾斗吊起运送到垃圾处理场。这种方式没有压缩功能，处理量小，经济性差，卫生状况不好，对周围环境影响比较明显，已经逐步被取代。

第二种转运方式是垂直转运站和密封自卸式垃圾车转运，如图 6-5 （b） 所示。垂直转运站的压头自上而下对垃圾进行垂直压缩，最终将垃圾压缩成块状，然后垃圾块被推入密封自卸式垃圾车，转运至垃圾处理场。

因为是自上而下压缩，因此它的特点是垃圾压实密度大，转运成本低，卫生状况好，但要求中转站房子高度要高，否则压实密度小，因此这种中转站的土建成本比较高。目前，垂直压缩转运站的使用比较广泛。

第三种转运方式是水平转运站和密封自卸式垃圾车转运，如图 6-5 （c） 所示。水平转运站将收集车送来的垃圾通过压头对垃圾进行水平压缩，最终将垃圾压缩成块状，垃圾块被推入密封自卸式垃圾车转运至垃圾处理场。

相对垂直转运站来说，它的特点是：结构简单，价格也便宜，站房要求不是很高；但垃圾压实密度较低，垃圾块成型不好，在装车时常有垃圾撒落。水平转运站被小城市等资金预算少的地方广泛使用。

（a）垃圾斗收集站和摆臂式垃圾车

（b）垂直转运站和密封自卸式垃圾车

（c）水平转运站和密封自卸式垃圾车

（d）带有可卸式车厢的大型垃圾车

图6-5　垃圾转运车

第四种转运方式是利用带有可卸式车厢的大型垃圾车转运，如图6-5（d）所示。大型可卸车厢式垃圾车将运输来的垃圾进一步压缩装入箱体，再转运至垃圾处理场。

可卸式车厢垃圾车的特点是：垃圾车箱体容积大，垃圾压实密度高，转运成本相对较低，但建设成本较高，适用于对环境卫生要求较高的大中城市、距离垃圾处理场远的情况等。越来越多的城市选用大型垃圾车进行生活垃圾的转运。

城市生活垃圾转运站是生活垃圾收运物流系统的枢纽。垃圾需要长距离运输才能到达垃圾处理厂，设置垃圾转运站不仅实现了垃圾运输的封闭化，而且提高了长途运输的经济性，减少了车流量。近年来，垃圾转运站逐渐成为城市重要的环卫设施。

垃圾的收集、运输和转运过程操作和管理不规范常常会给环境带来不利影响，引起附近居民的不满。因此，城市垃圾的收运过程中要注意操作规范，并采取一系列环保措施，当然，不同的城市和地区要根据实际情况选用不同类型的收集和转运方式。

第七节 垃圾的填埋

垃圾填埋场是垃圾集中堆放填埋的场地,是在地球表面浅地层中处置废物的物理设施。

目前,垃圾填埋技术仍然是我国大多数城市解决生活垃圾出路的最主要方法。2019年,我国城市生活垃圾无害化处理量为 19673.8 万 t,其中卫生填埋量为 11804.3 万 t,占比为 60%。

垃圾填埋技术的优点是操作简单,可以处理所有种类的垃圾,但占地面积大,同时存在严重的二次污染,例如垃圾渗出液会污染地下水及土壤,垃圾堆放产生的臭气会严重影响场地周边的空气质量,另外,垃圾发酵产生的甲烷气体还是火灾及爆炸隐患,排放到大气中又会产生温室效应。有的城市已经认识到这一问题,建立了一批具有较高水平的卫生填埋厂,较好地解决了二次污染问题,但建设卫生填埋厂投资大,运行费用(包括规范的填埋、渗出液处理及甲烷收集利用等)高。最关键的是填埋厂处理能力有限,服务期满后仍需投资建设新的填埋场,进一步占用土地资源。因此,在垃圾填埋场的设计、施工、运行和管理上应保证减少所填埋的废物对周围环境和人体健康的影响,并且少占资源。

一、垃圾填埋类型

按照不同的分类方法,垃圾填埋方式有很多种。

(1)按照垃圾渗滤液是否进入土层可分为自然衰减型填埋和封闭型填埋

自然衰减型填埋不设防渗衬层和渗滤液集排系统,仅仅依靠天然黏土层来净化渗滤液。这种填埋场允许渗滤液从填埋场慢慢向外扩散,同时借助渗滤液在废物堆内以及填埋场底部底层的各种衰减机制(包括稀释、扩散等)以改善废物的污染特性。这种填埋方式对地下水、土壤构成了一定程度的污染,因此在建立一座自然衰减型垃圾填埋场时应保证地下水的质量在某一距离内仍然可作为安全饮水。

封闭型填埋场则要求铺设专门的防渗衬层和渗滤液集排系统,以阻断渗滤液进入黏土和地下水层,并对渗滤液进行收集和处理。封闭型填埋场所处置的废物与环境隔绝开,能将废物安全保存相当一段时间,完全封闭的垃圾填埋场可将废物安全处置数十年甚至几百年,在安全的处置时间内,可以有效控制废物中污染物的泄漏。与自然衰减方式相比,这种填埋方式对周围环境二次污染小。

目前世界各国已经基本不再使用自然衰减型填埋方式,我国在垃圾填埋标准中也明确规定垃圾的填埋必须采用封闭型填埋的方式。

(2)按照自然地形条件可分为陆地填埋和海上填埋

其中陆地填埋按地形又可分为山谷型填埋、地坑型填埋以及地上型填埋等。

山谷型填埋场建在山谷里,依靠自然的山谷地形条件填埋垃圾,土石方量少。安徽省枞阳县生活垃圾填埋场采用的就是山谷型填埋方式。这种填埋场的做法是在山谷出口处设一个垃圾坝，上方设挡水坝，四周开挖排洪沟，严格控制地表排水进入填埋场。

地坑型填埋场是在平整地面上有一定深度的地坑里和地坑上填满垃圾，多数垃圾填埋场都是地坑型的。这种填埋方式适合于场地有丰富的覆盖层物质可供开挖而且地下水位较深的地方。做法是将废物放入坑中，开挖土作为覆盖层，坑的四周及坑底部用人造薄膜或低渗透性黏土作为铺设衬层，以防止渗滤液和填埋气溢出。

地上型填埋场是在平整的地面上填埋垃圾，适用于地下水位较高或者地形不适合开挖的地方。这种类型的填埋场是地下水位较高的平原区唯一可能采用的填埋场类型，要求坐落在较厚的黏土层之上。天津南开区的南翠屏公园里高于地面的小山其实就是建筑垃圾形成的，填埋方式属于地上型。

一般的垃圾填埋场均建在陆地之上，但某些土地资源匮乏而又靠海的国家如日本、新加坡等出于不得已的考虑，往往将垃圾填埋场建于靠近海岸的浅海处，构筑护岸或护坡，利用护岸或护坡围出的空间储存和填埋垃圾。

（3）按照氧气的存在状况可分为厌氧填埋和好氧填埋

垃圾被填埋后，如果隔绝空气，使空气无法进入填埋场内，填埋层内垃圾就会处于厌氧分解状态，这种方法称为厌氧填埋。厌氧填埋不但结构简单、操作方便、施工费用低，而且可回收填埋气作为能源——因为填埋气的主要成分是沼气（可生成 CH_4），垃圾达到稳定的时间在 4~10 年，其间甲烷气体产量增加 200%~250%，因此很多国家垃圾填埋场都采用这种方式。但是垃圾渗滤液中氨氮浓度长期偏高，不利于渗滤液的生物处理。

好氧填埋实际上类似于高温堆肥，其主要优点是垃圾分解速度快、填埋场稳定化时间短，并且能够产生 60℃ 左右的高温，有利于灭杀垃圾中致病细菌、减少渗滤液的产生和对地下水污染。国外研究表明，好氧填埋场的生活垃圾达到稳定的时间在 2~4 年，甲烷气体产量减少 50%~90%。但是由于结构复杂、施工困难、造价高，因此没有得到大规模使用。

（4）按照环保设施的设置情况可分为简单填埋、受控填埋、卫生填埋

简易填埋场的做法就是简单填埋，主要特征是基本没有任何环保措施，也谈不上遵守什么环保标准。目前中国约有 50% 的生活垃圾填埋场属于这一类型，可称之为露天填埋场。这类填埋场相当于我们讲过的自然衰减型填埋场，它不可避免地对周围环境产生污染。

受控填埋场属于受控填埋，也称为半封闭型填埋场，这种方式在我国约占 30%。其主要特征是配备部分环保设施但不齐全，或者环保设备齐全但不能完全达到环保标准。主要问题是防渗效果差、垃圾渗滤液处理效果差、日常覆盖不达标等，对周围环境产生了不同程度的污染。

对上述 2 种类型的填埋场，各地应该尽快列入隔离、封场、搬迁等改造计划。

卫生填埋场属于卫生填埋，所谓卫生填埋场就是能对渗滤液和填埋气体进行控制的填埋方式。其主要特征是既有完善的环保措施，又能达到环保标准，是我国不少城市正在采用的垃圾填埋方式。这类填埋场在我国填埋场中的比例约占 20%，例如深圳的下坪填埋场、广州的兴丰填埋场等。

目前国内最大的垃圾填埋场是广州兴丰垃圾填埋场，日处理生活垃圾约 7000t。

二、垃圾渗滤液

垃圾填埋场对环境的影响主要是固废在填埋过程中会产生含有大量污染物的渗滤液。垃圾渗滤液是指来源于垃圾填埋场中垃圾自身含有的水分、进入填埋场的降雨和径流、微生物分解有机质产生的水分及其他水分，是一种高浓度的有机废水。

1. 垃圾渗滤液的组成

垃圾渗滤液主要组成有四类：

第一类是有机物：有研究表明，某垃圾渗滤液检测出的有机物有 60 多种，其中很多具有毒性和致癌性质。有机物常常用化学需氧量（COD）、生物化学需氧量（BOD₅）、总有机碳（TOC）等来表示，其中 COD 值最高可达到每升水数千甚至数万毫克，远远高于城市生活污水。

第二类是无机金属元素和离子：垃圾渗滤液中含有 10 多种金属离子和多种非金属离子，如 Cd、Mg、Fe、Na、Zn、NH_4^+、CO_3^{2-}、SO_4^{2-} 和 Cl^- 等，其中铁和锌在酸性发酵阶段较高，铁的浓度可达 2000mg/L 左右，锌的浓度可达 130mg/L 左右，很多离子对微生物具有抑制作用，不利于微生物对有机物的分解。

第三类是微量元素：如 Mn、Cr、Ni、Pb 等。

第四类是微生物。

垃圾渗滤液成分复杂，污染物浓度高、色度大、毒性强，不仅含有大量有机污染物，还含有各类重金属污染物，是环境污染的大户。垃圾渗滤液处理不当，不但影响地表水的质量，还会危及地下水的安全。

2. 垃圾渗滤液的性质

（1）污染物种类多，浓度变化范围大

垃圾渗滤液中的污染物成分十分复杂，不仅含有耗氧有机污染物，还含有各类金属和植物营养素（如氨氮等），如果填埋场内含有工业固废，渗滤液中还会含有有毒有害的有机污染物。表 6-5 中列出了 24 种物质指标，种类很多，而且可以看到浓度变化范围也都很大。同时，表 6-5 中可以看出垃圾渗滤液中污染物的组成及浓度范围。

表 6-5　　　　　　　　　垃圾渗滤液组成及浓度范围
（除 pH 外，其余单位为 mg/L）

组分	浓度	组分	浓度	组分	浓度
pH	5.8~7.5	亚硝酸盐氮	0.2~2	Cr	0.05~1.0
化学需氧量	100~62400	有机磷	0.02~3	Mn	0.3~250
生化需氧量	2~38000	氯化物	100~3000	Fe	0.1~2050
TOC	20~19000	硫酸盐	80~460	Ni	0.05~1.70
C1~C8 挥发酸	0~3700	Na	40~2800	Co	0.01~1.15
氨氮	5~1000	K	20~2050	Zn	0.05~130
有机氮	0~770	Mg	10~480	Cd	0.005~0.01
硝酸盐氮	0.5~5	Ca	1.0~165	Pb	0.05~0.60

以氨氮为例，从表 6-5 可以看出，这种垃圾渗滤液中氨氮浓度为 5～1000mg/L。之所以变化范围大，主要是生活垃圾中有机态氮如蛋白质、氨基酸等物质分解产生氨氮导致的，随着填埋时间的延长，垃圾中这些物质逐渐分解，氨氮浓度也逐渐增加，当达到一定期限后氨氮浓度会达到最高值。

（2）水量变化大

垃圾渗滤液中的水分主要来自自然降水（降雨和降雪）、地表径流、固废中的水分及有机物分解产生的水分，其中自然降水是垃圾渗滤液的主要来源。垃圾渗滤液的量在雨季明显大于旱季，因为垃圾填埋场是一个敞开的作业系统，因此自然降水成为垃圾渗滤液的主要来源之一，所以雨季一般大于旱季。地表径流主要来自填埋场上坡方向的径流水，对渗滤液的产生也有较大影响，主要取决于填埋场的地势、覆土材料、植被和排水设施情况。废物中的水分在特定情况下也是垃圾渗滤液的主要来源，例如填埋污水厂产生的剩余污泥，其含水率一般在 70%～80%，即使通过一定程度的脱水，污泥中仍有相当部分的水分变成垃圾渗滤液。有机物分解产生的水分主要是填埋场中微生物分解造成的，其产生量与有机物组成、温度等有很大关系。

（3）营养失衡

在利用生物处理的方式对垃圾渗滤液进行处理的过程中，废水中营养元素的比例会对微生物的生长繁殖起到重要的影响，大量工程经验确定的好氧微生物的最佳营养元素比例为 C:N:P = 100:5:1，但是垃圾渗滤液中 P 元素的含量很低，C:P 甚至高于 300。严重的营养比例失调会对污水中的微生物繁殖起到很大的负面影响，从而降低生物处理的效果。因此，很多垃圾渗滤液在生物处理前都要补充磷或者预先脱除氮。

（4）含盐量高

这里的含盐量是指渗滤液中溶解的离子的量。渗滤液中含盐量很高，尤其在填埋初期，溶解性盐的浓度可达 10000mg/L，里面含有相当量的钠、钙、铁、氯化物、硫酸盐等，填埋 1 年左右达到峰值。如果对垃圾渗滤液进行生物处理或者再生回用，必须先进行脱盐处理。

3. 垃圾渗滤液的处理方法

生物法是渗滤液处理中最常用的一种方法，由于其运行费用相对较低、处理效率高，不会出现化学污泥等二次污染问题，因而被世界各国广泛采用。垃圾渗滤处理装置具体的工艺形式有好氧处理、厌氧处理以及两者相结合的工艺。

（1）活性污泥法

活性污泥法是主要的好氧处理技术之一，因为其费用低、效率高和适应性强而得到了广泛应用。我国杭州天子岭垃圾填埋场渗滤液采用传统的活性污泥法处理工艺，COD 和 BOD_5 的去除率分别达到 63.3%～92.3% 和 78.6%～96.9%。其运行结果表明，在适宜微生物生产季节（每年的 4～10 月）对 COD 和 BOD_5 的去除效果最理想。美国和德国的几个垃圾填埋场也采用了活性污泥法处理渗滤液，其实际运行结果表明，通过提高污泥浓度来降低污泥的有机负荷可以获得令人满意的处理效果。如美国宾夕法尼亚州的 FallTownship 污水处理厂，其垃圾渗滤液进水的 COD 浓度为 6000～21000mg/L，BOD_5 浓度为 3000～13000mg/L，曝气池内污泥的浓度为 6000～12000mg/L，BOD₅ 的去除率最高可达到 97%，可取得良好的处理效果。

（2）氧化塘

氧化塘又称稳定塘，也是好氧处理技术之一，在世界上已有 40 多个国家采用了稳定塘，中国从 20 世纪 60 年代起陆续兴建了一批稳定塘，其中效果比较显著的有：湖北鸭儿湖稳定塘、黑龙江齐齐哈尔稳定塘、山东胶州稳定塘、内蒙古满洲里稳定塘等。国外早在 20 世纪 80 年代就成功运用稳定塘技术处理渗滤液的生产性处理厂，例如英国在 1983 年建成的 BrynPostey 填埋场渗滤液处理厂，运用曝气氧化塘技术处理渗滤液。该氧化塘有效库容为 1000m³，由高密度聚乙烯材料（HDPE 膜）作防渗衬底，采用两台高效表面曝气机进行曝气，渗滤液最小水力停留时间为 10d，渗滤液处理量 0～150m³/d。此系统自 1983 年开始运行，渗滤液 COD 和 BOD₅ 浓度最大分别达 24000mg/L 和 10000mg/L，渗滤液 COD 去除率最高可达 97%。

随着渗滤液控制排放标准的日益严格，渗滤液排放前需要进行深度处理。物化法是垃圾渗滤液深度处理工艺的主要方法，包括活性炭吸附、膜分离和化学氧化法等，但由于物化法处理成本较高，因此不适于大量的渗滤液的处理。

（1）活性炭吸附

活性炭吸附工艺适用于处理填埋时间长的或经过生物预处理后的渗滤液，能去除中等相对分子质量的有机物质。20 世纪 70 年代在欧洲的实验室研究表明，活性炭吸附对 COD 的去除率为 50%～60%，若用石灰石做预处理，COD 的去除率可高达 80%。结果表明，活性炭的投加量与去除的 COD 量呈线性关系，当活性炭的投加量为 800～1200g/m³ 时，每克活性炭吸附 3.0～3.2mgCOD。活性炭吸附工艺的主要问题是高额的费用。因此，活性炭吸附一般用于垃圾渗滤液的深度处理过程。

（2）催化氧化

催化氧化法可以分解垃圾渗滤液中的大分子有机污染物，不但可以用作垃圾渗滤液的深度处理，还可以作为预处理技术。Sung Pill Cho 研究发现，pH = 4 时有机物降解最好；Zong - ping Wang 等认为 pH = 3～8 时，pH 越低，处理效果越好；程洁红等利用芬顿试剂对垃圾渗滤液进行预处理，COD 去除率可达到 68.2%。但是，由于光催化氧化工艺尚未完善，氧化剂成本较高，因此光催化氧化技术的应用受到很大限制。

（3）化学氧化

化学氧化工艺可以彻底消除污染物，该工艺常用于废水的消毒处理，很少用于有机物的氧化，主要是由于投加药剂量很高带来的经济问题。对于渗滤液中一些难控制的有机污染物，可以考虑使用化学氧化工艺。

常用的化学氧化剂有氯气、次氯酸钙、高锰酸钾和臭氧等。用次氯酸钙作氧化剂时 COD 的去除率不超过 50%；用臭氧作氧化剂时没有剩余污泥的问题，但 COD 的去除率也不超过 50%，且对于含有大量有机酸的酸性渗滤液使用臭氧作氧化剂也不是很有效，因为有机酸是耐臭氧的，因此就需要很高的投加剂量和较长的接触时间。用化学氧化法处理渗滤液主要的问题是处理费用太高，但其对于垃圾填埋场封场后小水量、低含量的难降解渗滤液的处理还是有一定意义的。

三、垃圾填埋气

垃圾填埋气是生活垃圾填埋后在填埋场内被微生物分解，产生的以甲烷和二氧化碳为主要成分的混合气体。

填埋气体中含有体积分数为30%～55%的甲烷，体积分数为30%～45%的二氧化碳，此外还含有少量的空气、恶臭气体和其他微量气体。

填埋气体中的甲烷是一种易燃易爆的气体。由于甲烷爆炸时需要与空气混合，且占到空气中的5%～15%才会发生爆炸，因此在封闭的填埋场内几乎没有爆炸的危险。但是，当填埋气体通过土壤的空隙转移到填埋场以外并与空气混合时，就有可能发生爆炸。填埋气体还含有微量的氨、一氧化碳、硫化氢、多种挥发性有机物等物质，会产生恶臭和空气污染。填埋气体的两种主要成分（甲烷和二氧化碳）都属于温室气体，但根据联合国政府间气候变化专门委员会相关规定，未经过处理的填埋气体中二氧化碳为生物质分解的结果，属于自然碳循环的一部分，不计入温室气体。填埋气体中的甲烷被列入大气温室气体清单，因为其温室效应是同体积二氧化碳的21倍。

但同时，填埋气中的甲烷又是一种极有利用价值的能源物质，甲烷含量占填埋气总量的45%～60%，热值约为20MJ/m³，是一种利用价值较高的清洁燃料。因此，对填埋气进行控制和利用不但是我国环境保护的要求，而且是城市垃圾处理技术的组成部分和发展趋势。据2018年《中国统计年鉴》和住建部数据统计测算，2017年城市生活垃圾清运量达2.15亿t，农村生活垃圾为1.8亿t，其中城市垃圾处理率达97.7%，农村生活垃圾的无害化处理率为61%。如果按照当年60%的垃圾填埋率计算，则填埋（包括简易填埋）量约为1.9亿t。如果设生活垃圾中的有机物含量为70%，无机物含量为30%，按每吨垃圾产生64～440m³垃圾填埋气计算，这些垃圾将会产生120亿～840亿m³的垃圾填埋气。如果填埋气的热值按10MJ/m³计，天然气的低位热值为37.3MJ/m³计，这些垃圾产生的填埋气相当于30亿～220亿m³的天然气。

第八节 垃圾的焚烧

焚烧法是一种高温热处理技术，即以一定的过剩空气量与被处理的有机废物在焚烧炉内进行氧化燃烧反应，废物中的有毒有害物质在高温下氧化而被破坏，是一种可同时实现废物无害化、减量化和资源化的处理技术。

焚烧技术适宜处理有机成分多、热值高的废物。在发达国家垃圾中纸张和塑料的含量较高，因而本身具有较高的热值，减少了燃料的使用，降低了处理成本。由于我国垃圾分类不完善，垃圾中很多成分不适宜燃烧如玻璃、金属、石块等，如果进入焚烧系统将会大大增加燃料用量，处理效果不好且成本增加，因此垃圾分类是垃圾焚烧的前提。

焚烧是一种剧烈的氧化技术，燃烧过程伴有大量辐射热，会导致周围温度升高，因此可回收热能用于发电。燃烧后的废物体积大大减少，剩余体积约为燃烧前废物的

20%。而且由于燃烧温度可以达到800~1000℃，可以消灭各种病原体，将有毒有害物质变为低毒甚至无毒的物质，因此垃圾焚烧的特点包括：垃圾减容性好（超过80%），无害化彻底，节约大量土地资源，并且能源可回收利用，该技术也成为很多发达国家普遍采用的垃圾处理技术之一。

相对于垃圾填埋，我国垃圾焚烧尚不普遍，主要原因是垃圾分类不完善，垃圾中的塑料等燃烧会产生二噁英等剧毒物质。根据2010年环保部、国家统计局、农业部联合发布的第一次全国污染源普查调查公报显示，当年我国垃圾焚烧处理量为1370.80万t，占全国垃圾处理量的8.1%，可见垃圾焚烧技术在我国垃圾处理中所占比重较低。但是随着焚烧技术的不断改进及焚烧的巨大优势，垃圾焚烧处理技术得到了大力推广，《"十三五"全国城镇生活垃圾无害化处理设施建设规划》规划：到2020年填埋处理占比进一步下降到43%，焚烧占比上升为54%。如果能够在源头进行资源回收，将能够利用的塑料、玻璃、金属等分类回收，其他可燃垃圾再进行焚烧，进而将垃圾中的绝大部分病原体杀死，那么不但可以回收有用资源，而且垃圾焚烧还会减容80%以上，同时每吨垃圾可上网发电300kW/h左右，实现了垃圾的减量化、资源化和无害化。

焚烧厂主要有城市生活垃圾焚烧厂、一般工业固废焚烧厂和危险废物焚烧厂，数量最多的是城市生活垃圾焚烧厂。

一、垃圾焚烧发电系统

城市垃圾进入焚烧系统前要将不可燃成分的含量降至5%左右，要求粒度小而均匀，含水率降低到15%以下，不含有毒有害物质。因此需要进行人工拣选、破碎、分选、脱水与干燥等预处理环节，以满足上述各项技术条件。目前多数城市垃圾焚烧发电过程由以下8个系统构成。

（1）垃圾的储存及进料系统

这个系统主要由垃圾储坑、抓斗、进料斗组成。图6-6、图6-7是垃圾储存和进料系统，图6-6中的抓斗将垃圾抓匀后送入进料斗，再进入垃圾焚烧炉。

图6-6　抓斗抓匀垃圾

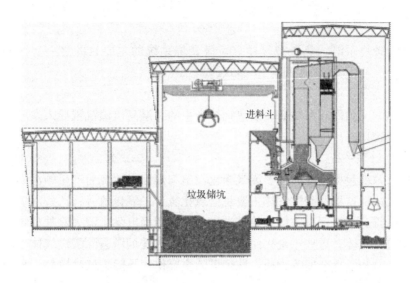

进料斗

垃圾储坑

图6-7　垃圾进料系统

图6-7所示的垃圾储坑和进料斗是进料系统的主要构成部分，进料过程是：垃圾车首先通过地秤，此时垃圾卸料平台的自动门打开，垃圾车将垃圾倒入垃圾储坑后离开，自动门关闭，由抓斗将垃圾抓匀，最后抓斗将抓匀的垃圾定时送入垃圾焚烧系统的进料斗。

（2）焚烧系统

焚烧系统即焚烧炉内的设备。主要包括炉床、燃烧室及供风系统。炉床多为机械可移动式炉排构造，进入进料斗的垃圾经过推器进入炉排（炉排可以从功能上分为干燥区、燃烧区、燃尽区），由于炉排之间有交错的往复运动，在重力的作用下，垃圾会逐渐向下移动，在燃烧室内燃烧直至燃尽排出炉膛成为底灰。燃烧所需空气从炉排下部进入，并与垃圾充分搅动、混合以提高燃烧效率；燃烧后产生的高温烟气会通过锅炉的受热面吸热，进而使水变成高温蒸气，产生的热能可用于发电，同时烟气也得到冷却，最后烟气经烟气净化装置处理后排入大气中。

燃烧过程包括初级燃烧和次级燃烧两个阶段。初级阶段是使废物进一步脱水、干燥、升温、起燃的初步燃烧过程，起燃区的火焰温度保持在700~1000℃；次级燃烧阶段是初级燃烧时未燃尽的细小颗粒与可燃气体进一步氧化燃烧的过程，此时燃烧温度通常保持在600~1000℃。两个燃烧阶段可以独立设计燃烧炉，也可以把初级燃烧室后附加的空间作为次级燃烧室。

供风系统能为废物燃烧提供足够的空气，实际的供风量应高于理论供风量，适度过量供风能保证废物完全燃烧，还能控制炉内温度。

（3）废热回收系统

焚烧炉热回收系统主要有3种方式：①与锅炉合建焚烧系统，锅炉设在燃烧室后部，使热能转化为蒸汽回收利用；②利用水墙式焚烧炉结构，炉壁以纵向循环水列管代替耐火材料，管内循环水被加热成热水，再通过后方相连的锅炉生成蒸汽回收利用；③将加工后的垃圾与常规燃料按比例混合，作为大型发电站锅炉的混合

燃料。

回收垃圾焚烧系统的热资源是建立垃圾焚烧系统的主要目的之一。据统计，焚烧1kg经处理、分选的城市垃圾可产生0.5kg蒸汽。

（4）发电系统

通过上述的废热回收系统后，余热锅炉产生的高温高压蒸汽被导入发电机，推动电机涡轮叶片的转动，产生电力。

（5）废气处理系统

废气排放系统包括烟气通道、废气净化设施与烟囱。焚烧后产生的污染物主要有颗粒物和酸性气体，这里的酸性气体主要是指氯化氢、二氧化硫等，这些从炉体产生的废气必须处理到符合排放标准才能排放，最早是先使用静电除尘器去除颗粒物，再用湿式洗烟塔去除酸性气体。近些年是先使用干式或半干式洗烟塔去除酸性气体，然后用布袋除尘器去除颗粒物及重金属等物质。洗烟塔的主要作用是除去酸性废气，布袋除尘器主要用来除去颗粒物。

（6）废水处理系统

废水主要是垃圾储存过程产生的垃圾渗滤液等废水，经过物理、化学和生物处理之后达到排放标准排放或回收再利用。

垃圾渗滤液的处理方法很多，其主要工艺在本章第七节中有详细描述。

（7）灰渣处理系统

灰渣主要由焚烧炉产生的底灰、废气处理单元所产生的飞灰、锅炉灰等构成。未燃尽的灰渣要通过排渣系统及时排出，以保证焚烧炉的正常工作。目前国内外大多数焚烧厂已将飞灰作为危险废物，将其进一步固化再送到填埋场处置，以防止吸附在飞灰上的重金属或有机毒物产生二次污染。固化后，飞灰中的有害成分会被封存在固化体中。

（8）自动控制系统

现代焚烧炉配备现代化控制与测试系统，以保证用最少的操作人员达到高效率、正常工况水平运行的目的。主要监控的单元有运转性能判断装置、各传感器（仪表）、设备运转系统和一些控制装置。

垃圾焚烧的整个过程是自动运行的，运行过程中可以通过中控室看到各项参数，操作人员可以通过自动控制系统观察整个焚烧过程。

这种控制系统是典型的反馈回路系统，每一分支系统都有一个反馈回路，经常在被控制的变量间相互联系。每一个因素依赖于另一个因素，在整体控制系统中所有因素相互联系，形成整体的控制系统。这种控制系统一般包括供风控制系统，炉温、炉压与冷区系统的控制系统、收尘控制系统等。测试系统包括压力、温度、流量指示系统，烟气污染物浓度指示与报警系统。

图6-8就是垃圾焚烧发电系统示意图。

8个系统紧密结合，使垃圾在整个焚烧过程中产生的污染物达到最小化。垃圾焚烧技术逐渐成为各大城市垃圾处理的重要选择。

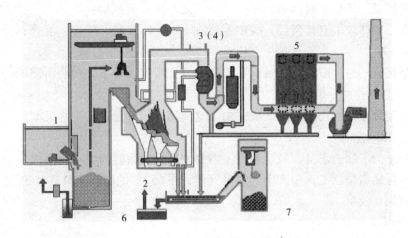

图 6 - 8 垃圾焚烧发电系统示意图
1—储存系统和进料系统 2—焚烧系统 3—废热回收系统 4—发电系统
5—废气处理系统 6—废水处理系统 7—灰渣处理系统

二、垃圾焚烧过程控制参数

1. 焚烧温度

废物的焚烧温度是指废物中的有害成分在高温下氧化、分解直到被破坏所需达到的温度。

一般说来，高的焚烧温度有利于废物中有害成分的分解和破坏，并可抑制黑烟的产生，但是过高的焚烧温度不仅会增加燃料消耗量，而且会增加废物中金属的挥发量及氮氧化物的量，引起二次污染。因此，不宜随意提高焚烧炉内的温度。

我国生活垃圾焚烧污染控制标准中规定烟气出口温度不小于850℃，也就是说焚烧炉内一般要超过850℃。

垃圾的焚烧温度主要由实验确定。大多数有机物的焚烧温度范围在800～1100℃，通常在800～900℃。

不同垃圾焚烧过程的温度会有所不同，下面是一些经验数据。

①如果是废气脱臭处理，一般采用800～950℃可取得良好的效果。

②如果是为了减少黑烟，一般焚烧温度控制在900～1000℃。

③如果是含氯化物的废物焚烧，温度在800℃以上时会生成氯化氢气体，可以回收利用或用水洗涤除去；低于800℃会形成氯气，就很难除去了。

④如果是焚烧含氰化物的废物，当温度达到850～900℃时，氰化物几乎就全部分解了。

2. 停留时间

废物中的有害成分在焚烧炉内发生氧化、燃烧，变成无害物质所需的时间称为焚烧停留时间。停留时间的长短直接影响焚烧的效果，也是确定焚烧炉容积尺寸的重要依据。

不同垃圾焚烧的停留时间有所不同，下面是一些经验数据：

①如果是固体垃圾直接焚烧，控制温度在850～1000℃，搅拌、混合充分，停留时间控制在1～2s。

②如果焚烧的是一般有机废液，在正常的焚烧温度条件下，焚烧所需的停留时间在0.3～2s，实际操作时一般控制在0.6～1s。

③如果是含氰化合物废液的焚烧，由于这类物质很难处理，毒性又大，一般需要的时间较长，在3s左右。

④如果是为了除去恶臭，焚烧温度不需要太高，停留时间也不需要太长，一般在1s以下。例如在油脂精制工程中产生的恶臭气体，在650℃的温度下只需0.3s的停留时间就可以达到除臭效果。

3. 混合程度

要使垃圾完全燃烧，减少污染物产生，必须使垃圾与助燃的空气充分接触、燃烧气体与助燃空气也要充分混合。因此混合程度是非常关键的，这里所说的混合在术语中称为扰动。

焚烧炉所采用的扰动方式有空气扰动、机械炉排扰动、流态化扰动等，其中以流态化扰动方式效果最好，但是成本也较高。大型焚烧炉主要采用机械炉排扰动，中小型焚烧炉的扰动方式大多是空气扰动。

4. 过剩空气

在实际的燃烧系统中，空气与垃圾是没有办法完全达到理想状态的混合及反应的。使燃烧充分、完全，仅仅提供理论空气量是很难达到的，因此需要加上比理论空气量更多的助燃空气，以使废物与空气能完全混合燃烧。

焚烧固体废物时，过剩空气一般以50%～90%的理论空气为基准；焚烧液体和气体废物时，过剩空气量一般以超过20%～30%的理论空气量为基准。每一个焚烧炉都要以实际运行状况选择合适的过剩空气量，由于过剩空气无法直接测量，因此以7%过剩氧气为基准，再根据实际过剩氧气量加以调整。过剩空气过低会使燃烧不完全，甚至冒黑烟，有害物质焚烧不彻底；过剩空气过高则会使燃烧室内温度降低，影响燃烧效率，造成燃烧系统的排气量和热损失增加。因此，燃烧中控制适当的过剩空气量是非常必要的。

总之，垃圾焚烧过程的4个重要参数（焚烧温度、停留时间、混合强度和过剩空气）要控制得当，否则焚烧不完全会产生剧毒物质二噁英。

三、二噁英的产生及控制

二噁英是现代人类工业化活动中的产物，是人类无意识合成的物质。从越南战争期间美军使用枯草剂导致环境问题，到1999年比利时发生动物饲料二噁英污染事件，世界上数次发生与二噁英有关的污染事故，使得二噁英污染和防治成为备受世人所关注的热点之一。最早与燃烧有关的二噁英历史可追溯到1977年Olie、Hutzinger等报道的生活垃圾焚烧产生的飞灰中含有二噁英类物质，1978年首次解释了燃烧过程产生二噁英的原因，1979年和1983年分别对燃烧飞灰进行了权威性的检测，并检测出二噁英类物质，

1986 年瑞典规定了二噁英类排放限值为 0.1ngTEQ/m³。

1. 二噁英的理化性质

二噁英是一类物质的总称，英文名称为 Dioxin，它不是一个物质。二噁英类物质每个苯环上可取代 1~8 个氯原子，从而形成了 75 种多氯联苯并二噁英（PCDDs）、135 种多氯联苯并呋喃（PCDFs），共有 210 种之多，两者的结构图如图 6-9 所示。

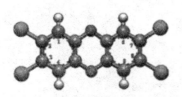　　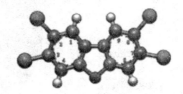

PCDDs（75种同系物）　　　　　　PCDFs（135种同系物）

图 6-9　二噁英结构图

由于二噁英类物质所含有的氯原子数量及取代位置不同，其毒性有较大差别，为了评价它们的毒性，引入了毒性当量（TEQ）概念，其数值称为毒性当量因子（TEF），取毒性最强的 2，3，7，8-四氯二苯并二噁英（2，3，7，8-TCDD）当量因子为 1，其毒性相当于马钱子碱毒性的 500 倍、氰化钾的 1000 倍，且具有极强的化学稳定性。

二噁英被称为"世纪之毒"，是目前已知化合物中毒性最强的一类物质，现已被世界卫生组织列为一级致癌物质。从职业暴露和工业事故的受害者身上得到的毒性效应显示，PCDDs 和 PCDFs 暴露可引起皮肤痤疮、头痛、失眠、忧郁、失聪等症状，并可具有长期效应，如诱发染色体损伤、心力衰竭、癌症等。人体内富集的二噁英半衰期为 1~10 年，其中 2，3，7，8-TCDD 的半衰期为 5.8 年。大量动物实验表明，大剂量、低浓度二噁英即可对动物表现出致死效应，如 60μgTEQ/kg 的 2，3，7，8-TCDD 可致小白鼠死亡。另外，在越南战争期间，美军广泛使用了含有二噁英的含氯枯草剂，导致污染地区人群大量出现非正常流产、畸形和怪胎等生殖异常，仅广治省就有 2000 名儿童患有先天性缺陷，严重摧残了许多越南平民乃至战后新一代越南人的健康。当时的飞行员返回美国 20 年后体脂中仍检验出高达 21ng/kg 毒性当量的二噁英类物质。而世界卫生组织公布的二噁英类物质人体的安全摄入量约为每年不超过 59ng。假设该飞行员重 70kg，则在他体脂内检测到的二噁英毒性当量达到了 1470ng，约为 25 年的安全摄入量。

二噁英是一类化学性质稳定的无色针状固体，不溶于水，易溶于脂肪。在低温条件下很稳定，在有碳和氯存在的条件下，催化合成二噁英类物质的温度一般为 270~600℃，温度在 800℃以上时二噁英类物质容易分解。

2. 二噁英的环境来源

图 6-10 是我国二噁英排放行业的分布情况。

由图 6-10 可以看出，二噁英类物质的环境来源主要有以下方式。

（1）工业生产

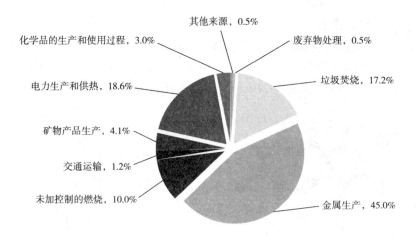

图 6 - 10　我国二噁英排放行业分布图

金属生产是我国二噁英类物质排放的主要来源之一，这是由于烧结原料中的碳氢化合物、喷吹过程所用的废塑料、有机物涂层在生产过程中一定温度下合成了二噁英类物质。Ulrich Qua 等关于欧洲二噁英排放情况的研究表明，铁矿烧结是目前欧洲二噁英排放仅次于生活垃圾焚烧的第二大主要来源，一般为 7.5μgTEQ/t 或 3ngTEQ/m³。

图 6 - 10 中还可以看出垃圾焚烧产生二噁英的比例也很高，是二噁英产生的一个重要来源。这里指的垃圾焚烧包括生活垃圾、医疗废物、危险废物不加控制的焚烧过程。医疗废物中含有氯代化合物，焚烧时 PCDD/Fs 含量比生活垃圾焚烧更高。一般固废本身就含有一定的二噁英类物质（6 ~ 50ngTEQ/kg），燃烧过程如果没有达到破坏二噁英分子的温度，二噁英类物质就会随着烟气进入废气中或被捕集下来，称为飞灰。固废中一般还含有氯原子、有机物和重金属，在重金属的催化作用下，有机物苯环上被部分氯原子取代，也会形成 PCDD/Fs。

我国北方发电主要依赖的能源是煤炭，和上述固废燃烧情形相同，煤炭燃烧时同样会产生一定量的二噁英类物质，因此电力供应和取暖供热也是二噁英类物质的一个重要来源。

（2）非工业生产

汽车尾气可以释放 PCDD/Fs，主要是因为含铅汽油的使用，在铅等金属作催化剂的前提下，汽油中的烃类物质燃烧形成了少量 PCDD/Fs。

同时，家庭燃料的燃烧、光化学反应、生化反应、化学品的使用等过程都会产生少量二噁英类物质。需要注意的是，环境中二噁英类物质浓度为 pgTEQ/m³ 数量级，垃圾焚烧为 ngTEQ/m³ 数量级，而小白鼠致死量要在 μgTEQ/m³ 数量级，应注意其数量级概念。在工业化非常发达的国家，环境中二噁英的浓度偏高，但瑞典、日本、瑞士等垃圾焚烧比例较高的国家的人均寿命比其他很多国家都高，说明二噁英对人体有危害，但也不需要谈"二噁英"色变。

3. 二噁英的控制因素

二噁英的控制因素主要有温度、垃圾成分和停留时间。

（1）温度

二噁英产生的浓度与温度之间有着紧密的联系，一般认为温度低于800℃都存在产生二噁英的风险，尤其在270~600℃二噁英浓度最大。超过800℃二噁英产生的概率非常小，因此焚烧温度要控制在800℃以上。

（2）垃圾成分

垃圾中含有C、H、O、Cl等元素，这也是形成二噁英最主要的几种元素，低温条件下即可生成剧毒的二噁英。但是，垃圾中的C、H、O元素是不可控制的，所以Cl是导致产生二噁英的重要原因。有研究表明，当废物中Cl元素的浓度低于0.8%~1.1%（质量分数）时，二噁英的产生量与Cl关系不大；但是当Cl元素浓度超过上述值时，二噁英的产生量会随着Cl元素浓度的增加而增大。

同时，垃圾中如果存在金属、金属氯化物、金属氧化物，也会成为生成二噁英类物质的催化剂，它们会加速焚烧过程中二噁英的生成，因此金属催化剂也是二噁英产生的原因之一。

（3）停留时间

垃圾在焚烧炉内停留时间过短，焚烧炉内产生的二噁英前体产物氯苯和氯酚气体分子就不能完全分解，它们排出后在600℃左右的温度下就会生成二噁英气体，所以停留时间过短也是产生二噁英的因素。

4. 二噁英的控制

通过以上几个影响因素可以看出，控制二噁英主要有以下措施。

（1）减少在炉内生成

控制焚烧炉内的温度超过800℃，气体停留时间超过2s，这样可以保证在焚烧炉内控制二噁英的生成。同时，炉内的初级和次级燃烧阶段都要保证完全燃烧，削弱炉内还原性条件，减少飞灰中C的含量，进而减少二噁英类物质的生成。控制完全燃烧可以通过测定CO的浓度来确定，一般理想的CO浓度指标是低于60mg/m³。还可以向炉内加入脱氯剂如CaO来减少Cl的含量，有报道称CaO在600~800℃时可以将60%~80%的Cl固定成$CaCl_2$，这样可以大大降低二噁英类物质的生成。

（2）避免炉外再合成

焚烧炉产生的气体或飞灰排出后温度会缓慢下降，当降至二噁英生成的温度（600℃左右）时就会重新生成二噁英。因此可采用一些特殊技术（如急冷技术）将烟气在短时间内（0.2s）冷却到200℃以下，防止二噁英在焚烧之后继续生成。急冷技术是以水为介质，使烟气快速通过二噁英类物质的合成温度区，从而明显降低二噁英生成的概率。有研究表明，降温速率控制在200~500℃/s时可有效抑制二噁英的生成。还有研究者认为，降温速率控制在750~1000℃/s时，二噁英的生成总量降低50%。从热交换、设备磨损、抑制效果等方面综合考虑，降温速率控制在500~750℃/s的范围比较合理。

（3）控制来源

避免含氯高的物质和含重金属高的物质进入焚烧系统，这就需要通过垃圾分类来控制垃圾的组成，将垃圾中的金属含量高的物质、含氯高的废物分选出来，从源头减少垃圾焚烧后二噁英的生成。

同时,各企业或机构减少垃圾的随意焚烧、充分粉碎垃圾以扩大与氧气的接触面积进而充分燃烧、减少垃圾的含水率等前处理措施也是减少二噁英产生的方法。

(4) 烟气吸附

一旦烟气中生成了微量的二噁英,烟气可在排放前进入活性炭吸附系统从而使废气中的二噁英浓度进一步降低。

通过这些方法可以防控二噁英的排放,使之达到排放标准。表 6-6 是垃圾焚烧二噁英排放标准。2014 年之后我国标准和欧盟标准一致。

表 6-6 二噁英排放标准

项目	GB 18485—2014 (2001)	欧盟 I 号标准 (EU2000)	实际正常运营时数据
二噁英/(ngTEQ/m³)	0.1 (1)	0.1 (0.1)	<0.1 (一般在 0.05 左右或检不出)

表 6-7 是晋江公司垃圾焚烧项目烟气中二噁英的监测数据。从表中可以看出,其二噁英的排放值低于国家排放标准。

表 6-7 晋江公司垃圾焚烧项目烟气中二噁英监测数据

焚烧炉	规模	样品号	二噁英实测数据 /(ngTEQ/m³)	GB 18485—2014 /(ngTEQ/m³)
晋江公司一号炉		一号样	0.059	
		二号样	0.054	
		三号样	0.053	
晋江公司二号炉	250t/d	一号样	0.075	0.1
		二号样	0.077	
		三号样	0.053	
晋江公司三号炉		一号样	0.044	
		二号样	0.036	
		三号样	0.022	

我国垃圾总量不断增加,可供填埋的土地资源也越来越少,随着我国焚烧技术的不断提高,能够减容 80% 的垃圾焚烧技术必将成为我国垃圾的主要处理技术之一。目前我国垃圾焚烧技术和排放标准已经处于国际先进水平,大多数垃圾焚烧的检测结果显示二噁英排放远低于 0.1ngTEQ/m³ 的要求,垃圾焚烧发电厂的数量也与日俱增,很大程度上缓解了城市用地紧张的问题,缓解了垃圾填埋场的负担,增加了当前垃圾填埋场的使用寿命。

虽然当前我国公众的环保期盼与日俱增,参与范围和程度在扩大和加深,但是地方相关部门机构对固体废物处理的科学认识还相对薄弱,邻避效应已经成为阻碍部分地区废物处置设施特别是垃圾焚烧厂发展的核心问题。公众的正确理解和积极参与也是固体废物立法顺利实施的重要前提。

第九节　垃圾的热解

热解是一种古老的工业化生产技术，该技术最初主要应用于煤的干馏过程，随着石油危机日趋严峻，人们逐渐意识到开发再生能源的重要性，把热解技术用于固体废物资源化处理。

美国是最早开展热解技术的国家，自从美国将《固体废物法》改为《资源再生法》后，各种固体废弃物资源化得到了广泛开发和应用。其中，热解技术作为从城市垃圾中回收燃料气和燃料油等能源的再生资源技术，其研究开发得到了大力推进。美国在热解方面也诞生了一些新技术，如 Landgard process、Occidental process、Purox process、Torrax process 等技术，最典型的是以有机物为液化目标的 Occidental 系统的成功建成，垃圾经过一次破碎、分选、干燥后再进行二次破碎，然后投入反应器，厌氧条件下固废在反应器中分解成燃料油、燃料气和炭黑。

欧洲运用垃圾焚烧技术时间较早，但随着人们开始意识到垃圾焚烧能产生二次污染问题，欧洲各国开始注重垃圾分类技术，并把庭院垃圾、农业废物等纤维素和废塑料、废橡胶等合成高分子作为研究对象进行垃圾热解技术的研究。欧洲运行的固体废物热解系统主要是 10t/d 以下的规模，主要目的是生产气体产物，产生的油类物质经过进一步裂解后最终形成裂解气。

日本对热解技术也进行了研究，并将该技术进行了工业化生产。如 1982 年在茨木市建成了 3 座 150t/d 的移动床竖式炉，1996 年又在该市兴建了二期工程，该系统是将热解和熔融一体化的设备，通过控制炉温，使城市垃圾在同一炉体内完成干燥、热解、焚烧和熔融。

我国垃圾中塑料的比例较高，废塑料属于高热值废物，但是塑料在焚烧过程会产生剧毒物质——二噁英，同时还会破坏炉体，造成损失。因此，垃圾分类成为必然之选，分类完成后的塑料可作为资源进行再生，利用废塑料热解制油、气也是废塑料资源化的重要途径。

一、热解的概念

热解是指生活垃圾在没有氧化剂存在或缺氧条件下加热（一般超过 500℃），通过热化学反应将大分子物质（如木质素、纤维素等）分解成较小分子的热化学转化技术。

热解最经典的定义是斯坦福研究所的 J. Jones 提出来的，他指出热解是在不向反应器中通入氧气、水蒸气等的情况下，通过间接加热使碳的有机物发生热分解反应，生产燃料（燃料液体、燃料气体和炭黑）的过程，他认为那些通过燃烧热解且产物为热解提供能量的情况不属于热解，应该归为燃烧过程。

二、影响垃圾热解的主要因素

垃圾热解的影响因素受热解温度、垃圾成分、垃圾粒度、垃圾含水率、热解时间的影响。

1. 热解温度

垃圾热解温度过低,热解效果不明显,特别是大分子的有机物低温时的热解效率低,部分大分子裂解为中小分子,燃料气比例小。

温度越高对热解越有利,但垃圾热解温度过高也会造成能源的浪费。

一般热解温度控制在750℃时热解完全,温度升高时燃料气的产率会增加。在750℃之后热解温度下降,裂解变化不明显,所以热解温度一般控制在750℃以上。

2. 垃圾成分

有机成分较高的垃圾(如塑料)热解性能好,热值也高,热解后产生的残渣也少。挥发成分较高的垃圾(如锯末、树枝、秸秆)产气率高于低挥发分的稻草、稻壳等。另外,橡胶和塑料的产油率比其他的有机废弃物高得多。

我国垃圾大多是混合收集,表6-8所示是我国部分城市垃圾的组成及热值,每种垃圾的热值差别很大,塑料、橡胶和纸张比例大的垃圾热值高,水分比例大的垃圾热值低,两种垃圾混合在一起加热将影响热解效果,因此实行垃圾分类回收对垃圾热解非常必要。

3. 垃圾的粒度

热解时要达到均匀的温度分布,粒度较大的垃圾需要的热解时间要长于粒度小的垃圾。粒度小的垃圾比粒度大的垃圾产气率高,热解油含量低,但粒度小的垃圾预处理成本要高于粒度大的垃圾,在垃圾的破碎过程中,同一种垃圾可以被破碎成粉末状和颗粒状,但破碎成颗粒状比破碎成粉末状的成本要低得多,在实际热解过程中应根据需要选择合适的粒度尺寸。

表6-8　　　　　　　　　　　部分城市垃圾组成及热值

	北京	深圳	沈阳	武汉	芜湖
塑料橡胶/%	15.80	13.3	11.00	9.51	1.70
纸张/%	19.20	14.24	7.60	5.06	4.00
纺织物/%	5.30	6.72	1.70	1.15	0.60
竹木/%	2.90	7.16	1.50	0.90	0.00
厨余/%	35.40	50.62	67.50	57.44	67.60
金属/%	1.40	0.00	0.50	3.18	1.00
玻璃/%	3.79	0.00	2.80	3.02	2.00
灰土/%	14.20	7.96	2.30	19.72	19.50
其他/%	2.01	0.00	5.10	0.02	3.60
干物质/%	60.69	50.09	41.93	48.63	43.93
水分/%	39.31	49.91	58.07	51.37	56.07
热值/（kJ/kg）	8230	7741	5016	4009	2857

4. 垃圾的含水率

水分对产气率有很大影响，垃圾的含水率高，热解的干物质比例就会低，不同城市垃圾的水分含量也不同，水分越高热值越低，热解效率越差，这样会直接影响产气率，同时要求外加的热量也会增加。另外，如果水分含量高，则燃料气中水蒸气的比例就会高，这样就降低了热解气体的热值和可用性。因此热解过程中垃圾含水率应尽可能低。

5. 反应时间

生活垃圾在反应器内的停留时间影响垃圾热解的转化率，为了充分利用垃圾中的有机质，垃圾在反应器内的停留时间要延长，停留时间越长，反应越充分，产气率越高，但处理量会相应下降；反之，虽然处理量增大了，但是反应不充分，热解效率也是低的。

实际操作过程中，由于垃圾的粒度、水分、成分不同，导致垃圾热解时的时间也不同，因此要根据实际情况确定热解时间。

三、热解和焚烧的区别

垃圾的热解和焚烧都是垃圾资源化的主要途径，它们的区别主要体现在以下几个方面。

1. 产物不相同

焚烧的产物主要是二氧化碳等气体，而热解的产物主要是可燃的低分子化合物：其中气态的有氢气、甲烷、一氧化碳；液态的有甲醇、丙酮、醋酸、乙醛等有机物及焦油、溶剂油等；固态的主要是焦炭或炭黑。

2. 反应性质不相同

焚烧是一个放热过程，产生热量；而热解是吸热过程，需要吸收热量。

3. 产生的能源形式不同

焚烧产生大量热能，可用于发电，可用于加热产生水或蒸汽，适合就近利用；而热解产生的燃料油及燃料气便于储存和远距离输送。

4. 反应环境不同

焚烧是有氧反应过程，需要充足的氧气，而热解是缺氧或无氧过程。

从垃圾焚烧和垃圾热解的区别来看，垃圾热解具有以下优势：

①热解可将固废中的有机物转化为以燃料气、燃料油和炭黑为主的储存性能好的物质，燃料气可用于做饭和取暖，燃料油因为不含硫和重金属，所以属于绿色燃料，炭黑可做炭基肥；而焚烧产生的热量只能就近使用。

②热解因为是缺氧分解，因此产生的氮氧化物、二氧化硫等有害气体少，对大气环境的二次污染较小；而焚烧会产生大量氮氧化物、二氧化硫，需要对烟气进行处理。

③热解时，废物中的硫、重金属等有害成分大部分被固定在炭黑中，不会对周围环境造成伤害；而固废焚烧后会产生大量烟尘，并且烟尘中含有二氧化硫及重金属颗粒。

④热解为还原气氛，因此三价铬不会氧化成毒性大的六价铬。

第十节　垃圾的堆肥

城市垃圾含有多种可生物降解的有机物，经过一定处理后，此类有机物更有利于生物转化处理，通过生物转化过程可以获得腐殖肥料、沼气或其他生物转化产品，如乙醇、糖类、氨气、硫化氢等。城市垃圾的生物转化工艺包括好氧堆肥和厌氧生物发酵技术。

厌氧生物发酵技术是一种在厌氧状态下利用微生物使垃圾中的有机物快速转化为甲烷和氨的厌氧消化技术。厌氧分解后的产物中含有许多喜热细菌并会对环境造成严重的污染。其中明显含有有机脂肪酸、乙醛、硫醇（酒味），硫化氢气体还夹杂着一些化合物及一些有害混合物。例如硫化氢是一种非常活跃并能置人于死地的高浓度气体，它能很快地与一部分废弃的有机质结合形成黑色、有异味的混合物。

垃圾的好氧堆肥是在人工控制下，在一定的水分、碳元素和氮元素的比例下、以通风为条件，通过好氧微生物的发酵作用将废物中的有机物转变为肥料的过程，同时释放出可供微生物生长活动所需要的能量，产生的高温可以最大限度地杀灭病原体。这种反应过程无任何有害物质产生，尽管没有一种生物分解是无味的，但经过正确处理的好氧堆肥过程产生的气味很小。平时所说的垃圾堆肥就是指好氧堆肥技术。

好氧堆肥发展至今，已经形成了一整套完善的工艺体系，每一个步骤都有相应的技术和设备与之对应，并正在向更短的堆肥时间和更高的堆肥产品质量为目标的新技术方向发展。因此有机固体废物的好氧堆肥化技术是进行垃圾稳定化、无害化、减量化处理的重要方式之一，也是实现固体废物资源化、能源化的技术之一。

一、垃圾的好氧堆肥工艺过程

现代化好氧堆肥生产通常由前处理、主发酵、后发酵、后处理、脱臭及储存等工序组成。

这里以禽畜粪便垃圾堆肥为例来介绍堆肥的工艺过程。

1. 前处理

前处理又称为预处理，主要目的是去除垃圾中不可堆肥的物质，例如塑料、玻璃、石块等，并使堆肥垃圾粒径和含水率及碳氮比达到一定程度的均匀化。

由于禽畜粪便的含水率太高，前处理的主要任务就是调整水分和碳氮比，有时还需添加菌种，以促进发酵过程的正常进行。如果不进行水分调节，堆肥原料就会因通气不良而出现堆肥温度上升慢、臭气产生量大且搬运搅拌不方便等问题。

为了降低水分含量，提高粪便的透气性，通常向其中添加有机调理剂和膨胀剂。

①调理剂是指向粪便中加入的干有机物原料，如木屑、树叶、锯末、秸秆等，用以增加禽畜粪便的透气性，增大粪便与空气的接触面积，同时增加有机物含量，有利于好氧堆肥过程。

②膨胀剂是指干的有机或无机固体颗粒，如花生壳、橡胶粒、木屑等，目的是起到支撑作用，增大粪便与空气的充分接触面积，使好氧堆肥顺利进行。

2. 主发酵

主发酵主要在发酵仓内进行，因为是好氧堆肥，因此需提供氧气，供给氧气主要有强制通风或翻堆搅拌等方式。

粪便垃圾内部由于微生物的存在开始发酵，首先是容易分解的物质开始分解，产生二氧化碳和水，同时产生热量使垃圾堆温度上升，这是升温阶段。在这个阶段微生物会吸收有机物的碳、氮等营养成分，在合成细胞质自身繁殖的同时将原料变成堆肥半成品。

通常把温度升高到开始降低的这一阶段称为主发酵期，一般需要 4~12 天。

3. 后发酵

经过主发酵的半成品被送到后发酵仓。在后发酵阶段微生物活动仍然比较活跃，尚未分解的有机物可能全部分解，变成腐植酸、氨基酸等比较稳定的有机物，从而得到完全成熟的堆肥成品。一般不进行后发酵的堆肥产品由于含有一定量的有机物，因此施用到土壤后会消耗土壤中的氮，对农作物不利，因此其使用价值较低。后发酵时间通常在 20~30 天。该阶段垃圾堆的温度是逐渐下降的。

4. 后处理

在前处理工序中还没有完全去除不可堆肥的物质，塑料、玻璃、小石块等杂物依然存在，因此，堆肥成品还要经过一道工序以去除杂物，并根据需要将这些去除物进行破碎或者作为资源再利用，或者运输至垃圾填埋场进行填埋。

后处理后的堆肥产品需要进一步破碎、筛分等环节的加工处理，产品的颗粒均匀化后就可以直接销售给用户，施用到农田、菜田、林地、果园等土壤中。

5. 脱臭

堆肥过程中会有臭气产生，尤其是禽畜粪便成分主要有氨、硫化氢、甲基硫醇等，只要裸露在空气中就会产生臭气，必须进行脱臭处理，否则会造成环境的二次污染，对人体健康影响较大。去除臭气的方法主要有化学除臭剂除臭、生物过滤器除臭、吸收法除臭、吸附法除臭等。利用生物过滤器除臭装置，将堆肥各个环节产生的臭气用引风机引出再送入生物滤池进行生物分解和吸附，除臭率可达到95%以上。

6. 储存

堆肥的供应期多半集中在秋天和春天，中间隔半年之久。因此，为适应农田施肥的高峰和淡季的需求，一般的堆肥化工厂会设置一个至少能容纳 6 个月产量的储存场所或空间，一般是干燥通风的室内，防止堆肥闭气受潮。

二、垃圾堆肥影响因素

影响堆肥化过程的因素很多，通风供氧、垃圾含水率、温度是最主要的影响因素，其他因素包括有机质含量、颗粒度、碳氮比、碳磷比、pH 等。

1. 通风

保证较好的通风条件、提供充足的氧气是好氧堆肥正常运行的基本条件。堆肥生产工艺要求至少有 50% 的氧渗入堆料各部分，以满足微生物氧化分解有机物的需要。

一般一次发酵的平均通风量设置为 $1m^3$ 垃圾堆每分钟通氧气 $0.2m^3$ 左右比较合适。供氧量过高和过低都不利于堆肥，供氧量过低的话，垃圾堆层温度升高缓慢，微生物利用的氧气不足，会导致堆肥效果差；供氧量过高会造成通风量过大，堆肥温度下降，不利于堆肥发酵，还会造成能源浪费，增加处理成本。

通风的方式很多，可以自然通风供氧，可以在堆肥内部接入通风管利用风机强制通风，还可以机械翻堆通风。

2. 含水率

在堆肥过程中，水分是一个重要的物理因素，含水率即堆肥的水分含量是指整个堆体的含水量。水分的主要作用是溶解有机物和调节堆肥温度，堆肥温度过高时通过水分的蒸发可以带走一部分热量。水分的多少直接影响好氧堆肥反应速度的快慢，影响堆肥的发酵速度和腐熟程度，甚至关系到好氧堆肥工艺的成败，所以含水率是好氧堆肥化的关键因素之一。

从经验上讲，用手握紧堆肥料有水滴挤出，说明正好；无水滴挤出，说明过干；不用挤压就能出水，说明太湿。

水分过高，水会充满堆肥料颗粒间的空隙，影响空隙率，使空气含量下降，堆肥将由好氧向厌氧转化，最终形成发臭的中间产物（比如硫化氢、硫醇、氨气等）；水分过低则影响微生物获取营养物质，进而影响微生物繁殖，导致堆肥效果变差，当含水率小于 10% ~15% 时，微生物活动就会停止。

适宜的含水率范围为 45% ~60% ，以 55% 最佳。

3. 温度

微生物在分解垃圾中有机物的过程中会释放出大量能量，提升垃圾堆内的温度，整个堆肥过程的温度变化是先升温，当到达最高温度时维持一定时间后逐渐降低。温度的变化是预示好氧微生物活性的重要指标，在堆肥的最高温度下，大部分病原体、寄生虫、蝇卵等均可被杀死。

垃圾堆内的温度过低是不利的，堆肥化分解反应速度会减慢，很多病虫卵也不能被杀死，达不到无害化要求。但温度过高也不利，例如当温度越过 70℃ 时，放线菌等有益细菌将全部被杀死，使分解速度相应变慢，适宜的堆肥化温度为 55~60℃ 。

由于温度对堆肥过程影响较大，因此，堆肥过程中对温度的控制显得尤为重要，在实际生产中往往通过自动控制系统来控制温度。

4. 有机质含量

有机质含量高低会影响堆料温度与通风供氧要求。如有机质含量过低，分解产生的热量将不足以维持堆肥所需要的温度，影响无害化处理，且产生的堆肥成品会由于肥效低而影响其使用价值，同时还会限制微生物的自身繁殖。

如果有机质含量过高，则给通风供氧带来困难，堆料有可能产生厌氧状态，研究表明堆料最适合的有机质含量为 20% ~80% 。

5. 颗粒度

颗粒度就是垃圾颗粒的尺寸大小，合适的垃圾颗粒可以有效调节堆体的通气透水性能，防止底物粒径过小形成局部厌氧环境，也可避免底物粒径过大造成降解过程中堆体坍塌，影响升温。一般物料颗粒的平均适宜粒度为 5~60mm，其中纸张、纸板等破碎粒度尺寸要在 38~50mm，秸秆等调理剂适宜的破碎粒度在 10~50mm，餐厨垃圾好氧堆肥的粒径大小为 5 ~ 10mm。

此外，决定垃圾粒径大小还应从经济方面考虑，因为粒径破碎得越细小，动力消耗越大，处理成本就会增加。但粒径过大又会导致垃圾分解不完全，因此运行时要根据实际情况选择合适的粒径。

例如禽畜垃圾堆肥由于含水率过高，粉碎后颗粒粒径要大一些，否则垃圾会变成浆状，影响通风。

6. 碳氮比（C/N）

在堆肥化过程中，碳是微生物的主要能量来源，大量的碳在微生物代谢过程中由于氧化作用生成二氧化碳而排出，一部分碳则形成细胞膜。

氮作为蛋白质组成的主要元素，对微生物种群的增长影响巨大。因此就微生物对营养的需要而言，C/N 是一个重要因素。

一般认为城市固体废物作为堆肥原料，最佳 C/N 为（26 ~ 35）:1。

C/N 太低（如 <20:1）时，可供消耗的碳变少，氮相对过剩，氮将变成铵态氮而挥发，导致氮元素大量损失而降低肥效。若城市垃圾氮源不足，可向城市垃圾中加入含氮较高的废物，如城市污水厂产生的污泥和禽畜粪便等。表 6 - 9 显示了不同物料的碳氮比。

表 6 - 9　　　　　　　　　　　不同物料的碳氮比

物料	C/N	物料	C/N
锯末	300 ~ 1000	人粪	6 ~ 10
秸秆	70 ~ 100	污泥	5 ~ 15
城市垃圾	50 ~ 80	鸡粪	5 ~ 10
牛粪	8 ~ 26	剩余污泥	5 ~ 8
猪粪	7 ~ 15		

当 C/N 太高（如 >40:1）时，可供消耗的碳元素增多，氮素养料相对缺乏，细菌和其他微生物的发展受到限制，有机物的分解速度变慢，堆肥过程会加长，同时堆肥的肥效也不好。

7. 碳磷比（C/P）

和氮元素一样，磷也是微生物活动非常重要的元素，磷的含量对堆肥过程有很大影响。在垃圾堆肥中有时会添加污水厂的剩余污泥，其原因之一就是污泥含有丰富的磷。堆肥料适宜的 C/P 为（75 ~ 150）:1。

8. pH

好氧堆肥进程中 pH 是动态变化的。在起始阶段，由于微生物将有机固废分解为大量小分子有机酸和 CO_2，导致 pH 通常较低；随着反应的进行，温度升高，小分子有机酸被微生物吸收利用，pH 逐渐升高。

pH 太高或太低都会影响堆肥的效率。pH 过低表明供氧不足，堆肥过程处于厌氧环境；pH 过高会有氨气逸出，影响氮元素的同时还会造成环境的二次污染。一般认为 pH 在 7.5 ~ 8.5 时可获得最大堆肥速率。

1. 什么是固废? 固废有哪些分类?
2. 什么是危险废物? 危险废物的特性有哪些?
3. 固体废物的危害有哪些?
4. 生活垃圾应该如何分类?
5. 垃圾渗滤液有哪些特性?
6. 垃圾焚烧系统包括哪些?
7. 垃圾堆肥有哪些影响因素?
8. 垃圾热解和垃圾焚烧的区别是什么?

参考文献

[1] 魏惠荣，王吉霞．环境学概论［M］．兰州：甘肃文化出版社，2013．

[2] 刘树华．环境生态学［M］．北京：北京大学出版社，2009．

[3] 李春华．环境科学原理［M］．南京：南京大学出版社，2003．

[4] 叶文虎．可持续发展引论［M］．北京：高等教育出版社，2003．

[5] 徐新华，吴忠标，陈红．环境保护与可持续发展［M］．北京：化学工业出版社，2000．

[6] 程发良，孙成访．环境保护与可持续发展［M］．北京：清华大学出版社，2009．

[7] 曲向荣．环境保护与可持续发展［M］．北京：清华大学出版社，2010．

[8] 周敬宣．环境与可持续发展［M］．武汉：华中科技大学出版社，2007．

[9] 伊武军．资源、环境与可持续发展［M］．北京：海洋出版社，2001．

[10] 中国大百科全书总委员会《环境科学》委员会．中国大百科全书，环境科学［M］．北京：中国大百科全书出版社，2002．

[11] 项洪发．地方病防治动态与进展综述［J］．医学信息，2010，(6)：1655－1656．

[12] 张聪，边林．生态健康与人类健康——基于人与自然关系史的哲学思考［J］．医学与哲学，2015，36（9A）：25－29．

[13] 赵志勇．浅谈环境保护的重要性及环境保护措施［J］．现代农村科技，2017，(4)：104．

[14] 唐军，李娟，席北斗，等．基于危害性分级的地下水污染源分类识别方法［J］．环境工程技术学报，2017，7（6）：676－683．

[15] 王恩宝．三江平原地下水污染源类型及分布特征［J］．科学技术创新，2016，(16)：112－112．

[16] 蔡美芳，李开明，陆俊卿，等．流域水污染源环境风险分类分级管理研究［J］．环境污染与防治，2012，34（9）：78－81．

[17] 李铁峰．环境地质学［M］．北京：高等教育出版社，2003．

[18] 郭廷忠．环境影响评价学［M］．北京：科学出版社，2007．

[19] 李闻欣．皮革环保工程概论［M］．北京：中国轻工业出版社，2015．

[20] 周鹤鸣，邹冰，王培风．治污水［M］．杭州：浙江工商大学出版社，2014．

[21] 李党生．环境保护概论［M］．北京：中国环境科学出版社，2007.7．

[22] 蒋展鹏．环境工程学［M］．北京：高等教育出版社，2008．

[23] 高廷耀．水污染控制工程［M］．北京：高等教育出版社，2007．

［24］陈玲，赵建夫．环境监测［M］．北京：化学工业出版社，2003.

［25］蒋林君．小城镇水资源利用与保护指南［M］．天津：天津大学出版社，2015.

［26］陈敏．化学海洋学［M］．北京：海洋出版社，2009.

［27］Metclf & Eddy Inc. Wastewater Engineering：Treatment and Reuse. 4th edition ［M］．New York：McGraw – Hill Companies，2003.

［28］Karl Imhoff's. Handbook of Urban Drainage and Wastewater Disposal ［M］．New Jersey：John Wiley and Sons，1989.

［29］Hanley N.，Shogren J. F. White B. Environmental Economics ［M］．London：MacMillan Press LTD，1997.

［30］Nijkamp P. Environmental Policy Analysis ［M］．New York：John Wiley & Sons，1980.

［31］Pearson C. S. Economics and the Global Environment ［M］．Cambridge：Cambridge University Press，2000.

［32］Goidin I.，Winters L. A. The Economics of Sustainable Development，OECD，Centre for Economic Policy Research ［M］．Cambridge：Cambridge University Press，1996.

［33］Biswas A. K. 21 世纪可持续发展的水战略［M］．郑丰，译．北京：中国环境科学出版社，1997.

［34］北京水环境技术与设备研究中心，北京市环境保护科学研究院，国家城市环境污染控制工程技术研究中心．三废处理工程技术手册（废水卷）［M］．北京：化学工业出版社，2004.

［35］国家环境保护总局《水和废水监测分析方法编委会》．水和废水监测分析方法［M］．第 4 版．北京：中国环境科学出版社，2002.

［36］李荫堂．环境保护与节能［M］．西安：西安交通大学出版社，1998.

［37］田德旺，朱捷．环境与发展导论［M］．北京：中国环境科学出版社，1997.

［38］晏磊．可持续发展基础——资源环境生态系统结构控制［M］．北京：华夏出版社，1998.

［39］张信宝．关于中国水土流失研究中若干理论问题的新见解［J］．水土保持通报，2019，30（6）：302 – 306.

［40］程胜高，罗泽娇，曾克峰．环境生态学［M］．北京：化学工业出版社，2004.

［41］杨玲玲．对工业企业水污染治理的思考［J］．资源与环境科学，2013，（4）：239 – 247.

［42］汪小勇，万玉秋，姜文，等．中国跨界水污染冲突环境政策分析［J］．中国人口·资源与环境，2011，21（3）：25 – 29.

［43］秦瑜，赵春生．大气化学基础［M］．北京：气象出版社，2003.

［44］李爱贞，刘厚凤．气象学与气候学基础［M］．第 2 版．北京：气象出版社，2010.

［45］段若溪，姜会飞．农业气象学［M］．北京：气象出版社，2013．

［46］《环境科学大辞典》编辑委员会．环境科学大辞典［M］．北京：中国环境科学出版社，1991．

［47］刘天齐，黄小林．环境保护［M］．北京：化学工业出版社，2002．

［48］程发良，常慧．环境保护基础［M］．北京：清华大学出版社，2002．

［49］郝吉明，马广大，王书肖．大气污染控制工程［M］．北京：高等教育出版社，2010．

［50］刘天齐，黄小林，邢连壁．三废处理工程技术手册（废气卷）［M］．北京：化学工业出版社，1999．

［51］张圣宇，张兴安．汽车尾气有害物质治理技术［J］．环境科学与管理，2012，37（7）：81－84．

［52］孙浩，张燕，张安超，等．低温等离子体技术脱除废气中 NO 和 HgO 研究进展［J］．能源研究与管理，2020，（1）：10－14．

［53］段传和．选择性非催化还原法 SNCR 烟气脱硝［M］．北京：中国电力出版社，2012．

［54］夏怀祥，段传和．选择性催化还原法（SCR）烟气脱硝［M］．北京：中国电力出版社，2012．

［55］耿以军．城市大气挥发性有机化合物（VOCs）综合治理论述［J］．资源节约与环保，2015，（7）：119．

［56］周盛兵，唐为杰，唐亚梅．刍议温室效应及全球变暖［J］．江西化工，2013，（4）：331－333．

［57］孟赐福，姜培坤，曹志洪，等．酸雨对植物的危害机理及其防治对策研究进展［J］．浙江农业学报，2008，20（3）：208－212．

［58］邓劲扬．论酸雨的形成危害与防治措施［J］．资源节约与环保，2009，（9）：104．

［59］黄昌勇，徐建明．土壤学［M］．第 3 版．北京：中国农业出版社，2010．

［60］黄巧云．土壤学［M］．第 2 版．北京：中国农业出版社，2017．

［61］全国土壤普查办公室．中国土壤［M］．北京：中国农业出版社，1998．

［62］熊毅，李庆逵．中国土壤［M］．北京：科学出版社，1987．

［63］周健民，沈仁芳．土壤学大辞典［M］．北京：科学出版社，2016．

［64］曲向荣．土壤环境学［M］．北京：清华大学出版社，2010．

［65］刘兆民，杨一鸣，田华．环境科学理论及其发展研究［M］．北京：中国水利水电出版社，2016．

［66］张辉．土壤环境学［M］．北京：化学工业出版社，2006．

［67］杨景辉．土壤污染与防治［M］．北京：科学出版社，1995．

［68］洪坚平．土壤污染与防治［M］．北京：中国农业出版社，2005．

［69］吴启堂．环境土壤学［M］．北京：中国农业出版社，2015．

［70］章丽萍，张春晖，王丽敏．环境保护概论［M］．北京：煤炭工业出版

社，2013.

[71] 孙明，刘晓庚. 化学物质的应用对食品安全性的影响 [J]. 食品科学，2003，24（8）：176 - 179.

[72] 宋春雨，张兴义，刘晓冰，等. 土壤有机质对土壤肥力与作物生产力的影响 [J]. 土壤与作物，2008，24（3）：357 - 362.

[73] 崔世兰，江宪如. 土壤中微生物及其环境效益的浅析 [J]. 环境科学与管理，2011，36（7）：41 - 43.

[74] 邱成. 浅议土壤污染及其防治 [J]. 四川农业科技，2014，（1）：46，47.

[75] 吕贻忠，李保国. 土壤学 [M]. 北京：中国农业出版社，2008.

[76] 陈瑶. 土壤农药污染的防治 [J]. 农技服务，2010，27（8）：1025 - 1028.

[77] 陈晶中，陈杰，谢学俭，等. 土壤污染及其环境效应 [J]. 土壤，2003，35（4）：298 - 303.

[78] 吴密根. 土壤的污染及其治理方法 [J]. 天津化工，2010，24（3）：55 - 57.

[79] 张磊. 土壤污染与我国农业环境保护的现状、理论和展望 [J]. 河南建材，2019，（5）：117 - 118.

[80] 邓仕槐，李黎，肖鸿，等. 环境保护概论 [M]. 成都：四川大学出版社，2014.

[81] 张颖，伍钧. 土壤污染与防治 [M]. 北京：中国林业出版社，2012.

[82] 党永富. 土壤污染与生态治理 [M]. 北京：中国水利水电出版社，2015.

[83] 串丽敏，郑怀国. 土壤污染修复领域发展态势分析 [M]. 北京：中国农业科学技术出版社，2015.

[84] 孙淑波. 环境保护概论 [M]. 北京：北京理工大学出版社，2013.

[85] 孟凡乔，杨海燕. 环境与食品 [M]. 北京：中国林业出版社，2008.

[86] 陈菊，周青. 土壤农药污染的现状与生物修复 [J]. 生物学教学，2006，31（11）：3 - 6.

[87] 李莲华. 土壤农药污染的来源及危害 [J]. 现代农业科技，2013，（5）：238.

[88] 环境保护部自然生态保护司. 土壤污染与人体健康 [M]. 北京：中国环境科学出版社，2013.

[89] 张自杰. 排水工程（下册）[M]. 北京：中国建筑工业出版社，2000.

[90] 苑静，唐文华，蒋向辉. 环境化学教程 [M]. 成都：西南交通大学出版社，2015.

[91] 张乃明. 环境土壤学 [M]. 北京：中国农业大学出版社，2013.

[92] 焦居仁. 生态修复的要点与思考 [J]. 中国水土保持，2003，（2）：1 - 2.

[93] 周启星，魏树和，张倩茹. 生态修复 [M]. 北京：中国环境科学出版社，2006.

[94] 李素英. 环境生物修复技术与案例 [M]. 北京：中国电力出版社，2015.

[95] 李法云，曲向荣，吴龙华. 污染土壤生物修复理论基础与技术 [M]. 北京：

化学工业出版社，2006.

[96] 杨程，马剑敏．城市湖泊生态修复及水生植物群落构建研究进展［J］．长江科学院院报，2014，31（7）：13－20.

[97] 胡洪营，何苗，朱铭捷，等．污染河流水质净化与生态修复技术及其集成化策略［J］．给水排水，2005，31（4）：1－9.

[98] 邓瑞芳．太湖流域污染控制中的湿地填料吸附技术试验研究［D］．南京：河海大学，2005.

[99] I. Tadesse, F. B. Green, J. A. Puhakka. Seasonal and Diurnal Variations of Temperature, pH and Dissolved Oxygen in Advanced Integrated Wastewater Pond System Treating Tannery［J］. Water Research, 2004, 38: 645－654.

[100] 僮祥英，邓锋，文竹．毕节煤矸石污染地优势木本植物土壤修复能力研究［J］．环境科学与技术，2016，39（12）：173－177，193.

[101] 黄雁飞，陈桂芬，熊柳梅，等．耕地土壤重金属污染现状及植物修复的应用［J］．安徽农业科学，2015，43（26）：88－89.

[102] 刘士余，左长清，孟菁玲．水土保持与国家生态安全［J］．中国水土保持科学，2004，2（1）：102－104.

[103] 丁圣彦．生态学［M］．北京：科学出版社，2004.

[104] 何长高．关于水土保持生态修复工程中几个问题的思考［J］．中国水土保持科学，2004，2（3）：99－101.

[105] 解明曙，吴秋丽，谌利斌，等．实施陆地生态修复的科学观［J］．中国水利，2004，（8）：33－34.

[106] 程睿，赖庆旺，徐国钢，等．我国基础建设中土壤生态破坏与修复问题探讨［J］．江西农业学报，2015，27（7）：65－68.

[107] 焦士兴．关于生态修复几个相关问题的探讨［J］．水土保持研究，2006，13（04）：127－129.

[108] 骆永明．污染土壤修复技术研究现状与趋势［J］．化学进展，2009，21（2，3）：558－564.

[109] 陈瑶．我国生态修复的现状及国外生态修复的启示［J］．生态经济，2016，32（10）：183－192.

[110] 王国锋，王金成，井明博．黄土高原地区土壤石油污染状况及生物修复技术研究进展［J］．安徽农业科学，2017，45（32）：65－70.

[111] 孙卫星，汪岁羽．浅议受污染水体生态修复技术［J］．环境科学与技术，2003，26（增刊）：108－110.

[112] 罗义，毛大庆．生物修复概述及国内外研究进展［J］．辽宁大学学报（自然科学版），2003，30（4）：298－302.

[113] 郑焕春，周青．微生物在富营养化水体生物修复中的作用［J］．中国生态农业学报，2009，17（1）：197－202.

[114] 曾现来，张永涛，苏少林．固体废物处理处置与案例［M］．北京：中国环

境科学出版社，2011.

[115] 马海良，徐佳，王普查. 中国城镇化进程中的水资源利用研究 [J]. 资源科学，2014，(2)：334 – 341.

[116] Islam M N, Joy T, Park J H, et al. Subcritical Water Remediation of Petroleum and Aromatic Hydrocarbon – Contaminated Soil：A Semi – Pilot Scale Study [J]. Water Air Soil Pollution, 2014, 225 (7)：1 – 8.

[117] Shankar. S, Kansrajh. C, Dinesh. M. G, et al. Application of Indigenous Microbial Consortia in Bioremediation of Oil – Contaminated Soils [J]. Int J Environ Sci Technol, 2014, 11 (2)：367 – 376.

[118] Caliman. F. A, Robu. B. M, Smaranda. C, et al. Soil and Groundwater Cleanup：Benefits and Limits of Emerging Technologies [J]. Clean Techn Environ Policy, 2011, 13 (2)：241 – 268.

[119] 中国环境科学学会. 城市生活垃圾处理知识问答 [M]. 北京：中国环境科学出版社，2012.

[120] 聂永丰，金宜英，刘富强. 固体废物处理工程技术手册 [M]. 北京：化学工业出版社，2015.

[121] 刘军，鲍林发，汪苹. 运用 GC – MS 联用技术对垃圾渗滤液中有机污染物成分的分析 [J]. 环境污染治理技术与设备，2003，4 (8)：31 – 33.

[122] 袁文祥，陈善平，邰俊，等. 我国垃圾填埋场现状、问题及发展对策 [J]. 环境卫生工程，2016，24 (5)：8 – 11.

[123] 马娟，孙喆，李井明. 城市固体废弃物卫生填埋场边坡稳定性分析 [J]. 辽宁工程技术大学学报（自然科学版），2009，28（增刊）：149 – 151.

[124] 蒋海涛，周恭明，高廷耀. 城市垃圾填埋场渗滤液的水质特性 [J]. 环境保护科学，2002，28 (6)：11 – 13.

[125] 董林林. 垃圾填埋场渗滤液控制技术研究 [J]. 环境科学与管理，2015，40 (11)：109 – 111.

[126] 王艳娟. 垃圾填埋场渗滤液回流技术研究 [J]. 黑龙江环境通报，2006，30 (2)：82 – 84.

[127] 冯新斌，汤顺林，李仲根，等. 生活垃圾填埋场是大气汞的重要来源 [J]. 科学通报，2004，49 (23)：2475 – 2479.

[128] Sung Pill Cho, Sung Chang Hong, Suk – In Hong. Photocatalytic Degradation of the Landfill Leachate Containing Refractory Matters and Nitrogen Compounds [J]. Applied Catalysis B：Environmental, 2002, 39：125 – 133.

[129] Zong – ping Wang, Zhe Zhang, Yue – juan Lin, et al. Landfill leachate treatment by a coagulation – photooxidation process [J]. Journal of Hazardous Materials, 2002, B95：153 – 159.

[130] 彭陵文，铁柏清，杨佘维，等. Fenton 氧化法预处理垃圾渗滤液试验研究 [J]. 安全与环境工程，2009，16 (3)：30 – 33.

［131］赵由才，宋玉．生活垃圾处理与资源化技术手册［M］．北京：冶金工业出版社，2007．

［132］邓娜，张于峰，赵薇，等．聚氯乙烯（PVC）类医疗威武的热解特性研究［J］．环境科学，2008，29（3）：837－843．

［133］王伟，蓝煌听，李明．TG－FTIR联用下生物质废弃物的热解特性研究［J］．农业环境科学学报，2008，27（1）：380－384．

［134］陈江章，旭明．城郊乡村生活垃圾衍生燃料热解特性研究［J］．环境污染与防治，2012，34（2）：45－49．

［135］李新禹，张于峰，牛宝联，等．城市固体垃圾热解设备与特性研究［J］．华中科技大学学报（自然科学版），2007，35（12）：99－103．

［136］王素兰，张全国，李继红．生物质焦油及其馏分的成分分析［J］．太阳能学报，2006，27（7）：648－651．

［137］Bhaskar Thallada, Kaneko Jun, Muto Akinori, et al. Pyrolysis Studies of PP/PE/PS/PVC/HIPS－Br Plastics Mixed with PET and Dehalogenation（Br, Cl）of the Liquid Products［J］. Anal. Appl. Pyrolysis, 2004,（72）：27－33.

［138］Park Won Chan, Atreya Arvind, Baum Howard R. Experimental and Theoretical Investigation of Heat an Mass Transfer Processes during Wood Pyrolysis［J］. Combustion and Flame, 2010,（157）：481－494.

［139］Kersten Sascha. R. A, Prins Wolter, van der Drift Bram, et al. Principles of a Novel Multistage Circulating Fluidized Bed Reactor for Biomass Gasification［J］. Chemical Engineering Science, 2003,（58）：725－731.

［140］袁浩然，鲁涛，熊祖鸿．城市生活垃圾热解气化技术研究进展［J］．化工进展，2012，31（2）：421－426．

［141］温俊明，池涌，罗春鹏，等．城市生活垃圾典型有机组分混合热解特性的研究［J］．燃料化学学报，2004，32（5）：563－568．

［142］Wu Chao－Hsiung, Chang Ching－Yuan, Tseng Chao－Heng, et al. Pyrolysis Product Distribution of Waste Newspaper in MSW［J］. Journal of Analytical and Applied Pyrolysis, 2003,（67）：41－53.

［143］Pramendra Gaurh, Hiralal Pramanik. A Novel Approach of Solid Waste Management Via Aromatization Using Multiphase Catalytic Pyrolysis of Waste Polyethylene［J］. Waste Management, 2018,（71）：86－96.

［144］左禹，丁艳军，朱琳，等．小型固定床实验台条件下的聚乙烯热解［J］．清华大学学报：自然科学版，2005，45（11）：1544－1548．

［145］张研，汪亮，孙得川，等．低密度聚乙烯的热解试验研究［J］．固体火箭技术，2006，29（6）：443－445．

［146］刘盛萍．生物垃圾快速好氧堆肥的研究［D］．合肥：合肥工业大学，2006．

［147］康军．城市污泥好氧堆肥技术的研究现状及展望［J］．科技创新导报，

2013，（21）：125 – 126.

［148］周继豪，沈小东，张平，等. 基于好氧堆肥的有机固体废物资源化研究进展［J］. 化学与生物工程，2017，（02）：13 – 18.

［149］徐鹏翔，王越，杨军香，等. 好氧堆肥中通风工艺与参数研究进展［J］. 农业环境科学学报，2018，37（11）：2403 – 2408.

［150］环境保护部，国土资源部. 全国土壤污染状况调查公报［R］.2014 – 04 – 17.

［151］徐宁，张方园，王闯，等. 不同蔬菜轮作对设施连作黄瓜根际土壤微生态的影响［J］. 设施园艺，2017，（01）：48 – 52.